SUR

# LES PRODUITS MÉTALLURGIQUES

DE

## L'INDUSTRIE FRANÇAISE,

EN 1819.

*Extrait des Annales des Mines*, 1820,
Publiées sous l'autorisation du Conseiller d'Etat, Directeur-
général des Ponts-et-Chaussées et des Mines.

# RAPPORT

FAIT

AU JURY CENTRAL

## DE L'EXPOSITION DES PRODUITS

DE

L'INDUSTRIE FRANÇAISE,

DE L'ANNÉE 1819,

SUR LES

## OBJETS RELATIFS A LA MÉTALLURGIE,

ET

AUGMENTÉ DE QUELQUES ANNOTATIONS;

PAR A. M. HÉRON DE VILLEFOSSE,

Membre de ce Jury, Inspecteur divisionnaire au Corps royal des Mines, Maître des Requêtes au Conseil d'État, Membre de l'Académie royale des Sciences, etc.

A PARIS,

DE L'IMPRIMERIE DE MADAME HUZARD,

(née VALLAT LA CHAPELLE),

Rue de l'Éperon-Saint-André-des-Arts, N°. 7.

1820.

# RAPPORT

*Fait au Jury central de l'exposition des Produits de l'Industrie française, de l'année 1819, sur les objets relatifs à la métallurgie, et augmenté de quelques annotations.*

Ce Rapport a été présenté au Jury central, au nom d'une Commission qu'il avait chargée de lui rendre compte de l'examen des produits relatifs aux arts métallurgiques, et qui était composée de six Membres de ce Jury, ainsi qu'il suit : -

Messieurs,

Le Comte BERTHOLLET, *Pair de France, grand Officier de l'Ordre royal de la Légion-d'Honneur, Membre de l'Académie royale des Sciences;*

Le Comte CHAPTAL, *Pair de France, ancien Ministre de l'intérieur, grand Officier de l'Ordre royal de la Légion-d'Honneur, et Chevalier de l'Ordre de Saint-Michel, Membre de l'Académie des Sciences;*

Le Chevalier BRONGNIART, *de l'Ordre royal de la Légion-d'Honneur, Ingénieur en Chef des Mines, Membre de l'Académie des Sciences, Directeur de la Manufacture de Porcelaine de Sèvres;*

Le Chevalier D'ARCET, *de l'Ordre royal de la Légion-d'Honneur, Inspecteur des Essais à la Monnaie, Membre du Comité consultatif des Arts et Manufactures, Membre du Conseil général des Manufactures;*

Le Chevalier MOLARD, *de l'Ordre royal de la Légion-d'Honneur, Membre de l'Académie des Sciences, Membre du Comité consultatif des Arts et Manufactures, du Conseil d'Administration de la Société d'Encouragement, ancien Administrateur du Conservatoire des Arts et Métiers;*

( M. MOLARD était spécialement chargé de l'exécution des essais auxquels ont été soumis les produits des arts métallurgiques.)

Le Chevalier HÉRON DE VILLEFOSSE, *de l'Ordre royal de la Légion-d'Honneur, etc.,* Rapporteur de la Commission.

~~~~~~~~~~~~~~~~~~~~~~~~~~~~~~~~~~~~~~~~~~

## MESSIEURS (1),

Des travaux qui procurent à la France le soc de charrue, les armes, les outils et les instrumens de tous les arts, sont le sujet dont nous devons avoir l'honneur d'entretenir le Jury de

---

(1) On sait que le Jury central était composé des personnes ci-après désignées :

M. le Duc de La Rochefoucauld, *Président;*

M. le Comte Chaptal, *Vice-Président;*

M. Mérimée, *Secrétaire;*

MM. Berthollet, Breguet, Brongniart, Christian, Costaz, d'Arcet, d'Artigues, Fontaine, Gérard, Héron de Villefosse, Molard, Tarbé de Vauxclairs, Ternaux, Arago, Percier, Welter.
~~~~~~~~~~~~~~~~~~~~~~~~~~~~~~~~~~~~~~~~~~

l'industrie française. Il serait superflu de réclamer votre attention en faveur de la métallurgie; mais plus l'ensemble de ses travaux est vaste et important, plus nous avons besoin de votre indulgence et du concours de vos lumières.

Après un intervalle de treize années, la France voit réunis, pour la cinquième fois, tous les produits de son active industrie. Un pareil laps de temps a pu suffire à de nombreux changemens. Pour les apprécier, pour mesurer en quelque sorte l'industrie française, il faut, comme dans la mesure de l'espace, reconnaître le point de départ, constater le lieu de la station actuelle, et, pour ainsi dire, planter le jalon qui doit déterminer le but désiré.

Ainsi, trois questions se présentent; elles feront la matière de ce rapport :

1°. A quel degré de prospérité était parvenu, en l'année 1806, époque de la dernière exposition, l'ensemble des travaux qui ont les métaux pour objet?

Questions à examiner.

2°. Quel est, en l'année 1819, l'état de cet ensemble de travaux, dans le royaume de France?

3°. Pour quels objets et à quels fabricans est-il juste de décerner les diverses distinctions sur lesquelles prononce le Jury de l'industrie française?

Nous essaierons de traiter successivement ces trois questions.

Mais d'abord il faut déterminer l'étendue de l'industrie relative aux métaux. Si l'on se borne, ainsi que cela paraît convenable, à considérer ici les produits dont les matières premières sont extraites du sol français, du moins pour la plus grande partie, l'industrie métallurgique comprend, en France, les objets qui sont connus sous les dénominations suivantes :

Plomb brut et plomb ouvré ou laminé, ainsi que les préparations de ce métal;

Cuivre brut et cuivre martiné ou laminé, ainsi que les divers alliages et préparations du cuivre, et particulièrement cuivre jaune ou laiton, fil de laiton, toiles métalliques;

Zinc brut et zinc ouvré ou laminé;

Étain brut, étain en feuilles, étain ouvré;

Antimoine et ses préparations;

Manganèse, seulement ici pour mémoire;

Fer dans les divers états qui vont être rappelés, savoir :

Fonte brute,

Fonte moulée,

Fer forgé en grosses barres, et fer martiné, de divers échantillons;

Acier brut, soit naturel, soit cémenté; acier fondu; acier raffiné et martiné;

Faulx;

Limes et râpes;

Scies;

Tôle;

Fer-blanc;

Fil de fer, et fil d'acier;

Aiguilles;

Épingles; cardes, peignes dits *rots;* hameçons, alènes;

Clouterie;

Quincaillerie, comprenant :

L'acier poli,

La serrurerie,

La coutellerie,

Les outils divers;

Fabrication des armes, comprenant :

Les armes blanches,

Les armes à feu.

Tels sont les objets que nous présente l'industrie française, comme autant de produits métalliques du sol de la France.

Plusieurs autres arts emploient avec succès d'autres métaux encore ; mais ces matières premières sont presque généralement tirées des pays étrangers : tels sont le platine, l'or, l'argent, le mercure, l'arsenic et le cobalt. Ainsi, nous nous bornerons à faire mention de ces métaux, parce que leurs produits doivent trouver en d'autres rapports la place distinguée que méritent les arts qui les emploient.

Entrons maintenant dans l'examen de notre première question (1).

### EXPOSITION DE 1806.

*Examen de la première question posée ci-dessus.*

En 1806, l'exploitation du plomb était en activité, sur le territoire français, dans les départemens du Finistère, de la Lozère, de Sambre et Meuse, de la Roër, de l'Isère et du Montblanc. Des mines et usines de tous ces départemens, on

Plomb en 1806.

---

(1) *Voyez :* 1°. les Notices ou Catalogues imprimés, sur les objets envoyés à l'exposition de 1806 ;

2°. Le Rapport du Jury de 1806 ; etc. (*Paris, de l'Imprimerie royale.*) (M. Gillet de Laumont, membre du Conseil des Mines, et feu M. Collet-Descostils, ingénieur des Mines et professeur de docimasie, étaient membres du Jury de 1806.)

obtenait annuellement environ 19000 quintaux
métriques de plomb ou de litharge, et 1578 kilogrammes d'argent. Une partie assez considérable du produit des mines de la Roër et de quelques autres départemens était, en outre, versée
dans le commerce à l'état d'*alquifoux*, employé
pour vernisser les poteries. Le département seul
de la Roër fournissait, par année, 20000 quintaux métriques de cette matière, qui n'est autre
chose que du plomb sulfuré en poudre, avec ou
sans mélange de substance pierreuse.

Le plomb du département de Sambre et Meuse
était converti en *minium* et autres produits de
bonne qualité, dans les ateliers de Vonèche près
Givet, par M. d'Artigues.

La préparation du *minium* était aussi exécutée
avec succès dans les fabriques de MM. Utz-
schneider, à Sarreguemines; Pécard, à Tours;
Husson et Verdier, à Paris; Éverard, à Namur.

On fabriquait de la *céruse* dans le département du Bas-Rhin, à Oberhausbergen, et dans
le département de Gênes. Neuf manufactures
de ce genre, établies dans la ville même de
Gênes, fabriquaient annuellement 7000 quintaux métriques de céruse, carbonate ou blanc
de plomb.

On obtenait le plomb laminé dans plusieurs
établissemens que possédaient les départemens
de la Dyle, de Vaucluse et de la Seine. Des
tuyaux de plomb, sans soudure, avaient été fabriqués à Bruxelles et mentionnés honorablement dans le rapport du Jury de 1806. Le même
métal était réduit en feuilles et cartouches pour
tabac, dans le département du Bas-Rhin; étiré
en fils, dans le Jura; préparé en plomb de chasse,

dans les départemens de la Lys, de la Roër et du Loiret. Enfin, une fabrique située à Marseille avait envoyé à l'exposition de 1806 de l'acétate de plomb, ou sel de saturne, d'une beauté qui fut remarquée.

A cette même époque, l'exploitation du cuivre était en activité dans les mines et usines de Saint-Bel et de Chessy, département du Rhône; dans celles d'Allagne, département de la Sésia; d'Ollomont (Doire). Quelques recherches de ce métal donnaient des espérances, particulièrement dans les Hautes-Alpes et dans les Basses-Pyrénées. La France tirait alors de son propre sol environ 2500 quintaux métriques de cuivre rosette.

Les ateliers de Saint-Bel et de Chessy, département du Rhône, livraient au commerce du cuivre martiné qui fut jugé de bonne qualité. On obtenait aussi le cuivre façonné, soit au martinet, soit au laminoir, dans le département de l'Isère, à Vienne; dans le Doubs, à Grass; dans un autre atelier, alors récemment formé, à Toulouse (Haute-Garonne); dans le bel établissement de Dilling, département de la Moselle; dans les fabriques des environs de Givet, département des Ardennes; dans celles de Romilly, département de l'Eure; dans le département de Seine et Oise, aux environs d'Essone; dans le Bas-Rhin, à Oberenheim près Klingenthal; dans l'Aude, à Durfort près Castelnaudary; dans l'Aveyron, à Villefranche; dans les grands ateliers d'Avignon, département de Vaucluse; dans les nombreuses usines de Stollberg (Roër), et de Namur (Sambre et Meuse). Enfin, le marteau retentissait encore sur le cuivre dans les actifs ateliers de poëlerie, à Villedieu, département de la Manche ; à Saint-Flour et à Aurillac, département du Cantal ; à Saumur, département de Maine et Loire; et dans un grand nombre d'autres établissemens plus ou moins considérables.

Laiton en 1806.

La fabrication du laiton brut et la fabrication du fil de laiton jouissaient d'une grande activité à Stollberg (Roër). De ces deux genres d'industrie, le premier, en 1806, manquait totalement à l'ancien territoire de la France ; le second commençait à s'y établir, dans le département de l'Orne. Là, une seule fabrique, celle de M. Boucher, située à Chandey, près l'Aigle, quoique ne comptant alors que six années d'existence, versait déja dans le commerce environ 800 quintaux métriques de fil de laiton, par année.

Des toiles métalliques, d'une belle exécution, avaient été exposées en 1806, par MM. Perrin, de Paris, et Roswag, de Schelestadt : le Jury distingua ces produits.

Divers autres ouvrages, en cuivre ou en laiton, avaient été envoyés à l'exposition, tels que : clous pour le bordage des vaisseaux, par le département de la Loire-Inférieure; boucles, robinets, cannettes et chaudrons, par le département de Maine et Loire ; grelots et sonnettes, par le département de la Loire. Enfin, la fabrication du sulfate de cuivre, ou vitriol bleu en beaux cristaux, était en activité dans les départemens de Montenotte, des Bouches-du-Rhône et de la Seine; celle de l'acétate, dit *verdet,* dans les départemens de Vaucluse et de l'Hérault.

Zinc en 1806.

En 1806, le zinc, à l'état de calamine ou d'oxide, était l'objet d'une grande exploitation dans les départemens de l'Ourthe et de la Roër; mais, jusqu'à cette époque, on s'était borné à employer la calamine pour la fabrication du laiton. Ce fut pendant que ces contrées appartenaient à la France, que des Français entreprirent avec succès, dans la ville de Liége, de réduire la calamine, pour en obtenir le zinc pur; et dans les ateliers des environs de Givet, de traiter le zinc au martinet et à la filière, pour obtenir des feuilles et des fils de ce métal, jadis regardé comme imparfait.

Jusqu'alors, on n'avait encore essayé, dans l'ancienne France, d'obtenir le zinc, d'aucune autre substance que de la calamine; quoique l'on y connût quelques gîtes de ce minerai, on ne les exploitait pas; il en était de même des gîtes connus de *blende* ou zinc sulfuré. Ainsi, la France obtenait le zinc entièrement de pays qui lui sont devenus étrangers. Nous verrons plus tard quel changement s'est opéré, ou du moins est préparé à cet égard.

En 1806, la France ne possédait aucune mine d'étain; pendant long-temps on avait regardé le sol français comme dépourvu de ce métal, si précieux dans plusieurs arts (1). Ce fut vers cette époque qu'on recueillit, dans le département de la Haute-Vienne, et plus tard, dans le département de la Loire-Inférieure, des indices de minerai d'étain, sur lesquels nous reviendrons.

*Étain en 1806.*

L'exploitation de l'antimoine était, au contraire, depuis plusieurs siècles, un moyen de

*Antimoine en 1806.*

_______

(1) Voyez dans le *Journal des Mines*, n°. I, page 73; n°. III, page 94; n°. LXIV, page 542; n°. CXCVIII, page 435.

travail pour les départemens de la Charente, de la Haute-Loire, de la Vendée, du Cantal, de l'Allier, du Gard et du Puy-de-Dôme.

Le régule de ce métal et plusieurs préparations dont il forme la base étaient obtenus, en 1806, dans quatre fabriques, situées à Clermont, à Riom, à Orléans et à Limoges; mais ces fabriques étaient enveloppées d'un mystère nuisible aux progrès de l'industrie. Les hommes éclairés désiraient le perfectionnement de ces procédés obscurs.

*Mercure en 1806.*

En 1806, le minerai de mercure n'était exploité que dans le département du Mont-Tonnerre; le produit de ces mines anciennes était peu considérable. Nulle part on ne fabriquait, en France, cette belle couleur qui résulte de la combinaison du mercure et du soufre, et qui est connue sous le nom de *vermillon*.

*Manganèse en 1806.*

Le manganèse oxidé était extrait, en abondance, des départemens de Saône et Loire, de la Dordogne, de la Sarre et des Vosges.

*Fer en 1806.*

La fusion de divers minerais de fer, dans les hauts-fourneaux, était en grande activité, principalement dans les départemens de la Haute-Marne, de la Haute-Saône, de la Côte-d'Or, de Saône et Loire, du Doubs, des Vosges, du Jura, du Haut et du Bas-Rhin, de la Meuse, de la Moselle, de la Sarre, du Mont-Tonnerre, des Forêts, de Jemmapes, du Nord, des Ardennes, de l'Ourthe, de Sambre et Meuse, de la Roër, de l'Isère, du Montblanc, du Cher, de l'Allier, de l'Indre, d'Indre et Loire, de la Dordogne, de la Charente, de la Mayenne, de l'Eure, d'Eure et Loir, des Côtes-du-Nord et de l'Orne. Vingt-un autres départemens présentaient chacun quelque établissement relatif, soit au traitement des minerais de fer, soit à la fabrication en grand du fer et de l'acier, soit à l'un et à l'autre objet. Enfin, on estimait, en 1806, que, sur le territoire français, il existait au moins cinq cents hauts-fourneaux en feu pour la fusion des minerais de fer; et en outre, on comptait plus de quatre-vingt dix de ces modestes établissemens qui sont connus sous le nom de *forges catalanes*, dans les départemens de l'Aude, des Pyrénées-Orientales et de l'Ariège.

Parmi ce grand nombre d'usines, il n'en était qu'une seule où les minerais de fer fussent fondus par le moyen de la houille carbonisée. C'était l'usine du Creusot, située dans le département de Saône et Loire. On regrettait que ce bel établissement n'eût à traiter que des minerais médiocres et très-différens de ceux qui sont employés, avec tant de succès, en Angleterre et en Silésie, dans les fonderies alimentées par la houille carbonisée. Cette excellente espèce de minerai de fer, que la nature a généreusement associée à la houille, dans le sein de la terre, comme pour inviter l'art à réunir les deux substances dans ses procédés, cette *pierre*, qui en apparence n'est qu'une pierre brute, mais que les mineurs anglais et allemands mettent depuis long-temps à profit sous la dénomination de *pierre de fer (iron-stone, eisen-stein)*; ce minerai enfin, que les Français nomment aujourd'hui *minerai de fer des houillères*, ou fer carbonaté terreux, n'était employé, en 1806, dans aucune usine de l'ancien territoire français; à peine son existence était-elle soupçonnée dans quelques-unes de nos nombreuses mines de houille; nulle part, elle n'était constatée en grand; nulle part, ce minerai n'était l'objet d'une exploitation, ni même d'une recherche sérieuse, excepté dans le pays de Sarrebruck, aujourd'hui étranger. C'était un progrès important que celui qu'il restait à faire, en France, dans ce genre d'industrie; cependant, d'autres succès obtenus dans les forges françaises étaient d'heureux présages pour leur avenir.

L'exposition de 1806 présentait cent soixante-un envois faits par plus de cent cinquante usines, en fonte, en fer, en acier, en faulx, en limes, en tôle, en fer-blanc.

Fonte de fer en 1806.

Parmi les fontes moulées en ustensiles de cuisine, en vases d'ornement, en projectiles de guerre, on remarquait les produits des départemens de la Charente, de l'Eure, des Forêts, de l'Indre, de la Loire, de la Haute-Marne, du Bas-Rhin, de la Roër, de la Haute-Saône, de la Seine; mais on désirait encore d'importans progrès dans la qualité de la matière et dans l'exécution des formes.

Fer forgé en 1806.

Sur soixante-sept envois de fer forgé, dont cinquante-un furent jugés être au moins de bonne qualité, d'après des essais multipliés, treize furent mentionnés honorablement par le Jury de 1806, comme étant de qualité supérieure; il n'est pas indifférent aujourd'hui de remarquer que ces fers distingués provenaient des départemens de la Haute-Marne, du Haut-Rhin, de l'Indre, du Jura, de la Côte-d'Or, de la Haute-Saône, de l'Isère, du Doubs et du Bas-Rhin, c'est-à-dire, d'établissemens français qui appartiennent toujours à notre vieille France. Cependant une grande innovation manquait encore à toutes les forges de la France ; l'exposition de 1806 n'offrait point de fer forgé qui fût entièrement fabriqué par le moyen de la houille.

Les départemens de la Sarre, de l'Aude, de l'Isère, du Haut-Rhin, de la Nièvre et de Jemmapes, avaient envoyé des aciers dont les fabricans furent jugés dignes, les uns de médailles d'or, les autres de médailles d'argent, d'autres enfin de mentions honorables ; mais on désirait encore d'importans progrès dans cette fabrication. On espérait que l'art de raffiner l'acier naturel ou l'acier cémenté, et d'assortir constamment les différentes qualités d'acier pour les besoins des différens arts, deviendrait en France plus commun, plus sûr et plus économique. Parmi les aciers qui furent distingués par le Jury, on regrettait de ne pas voir l'*acier fondu*, dont l'industrie anglaise semblait retenir exclusivement la possession. Nous verrons plus tard si les vœux formés en 1806 ont été exaucés, sur le territoire français, tel qu'il est aujourd'hui.

La fabrication des faulx, que plusieurs pays étrangers avaient long-temps regardée comme le patrimoine de leurs habitans, offrait déjà, en l'année 1806, des résultats très-satisfaisans dans les départemens des Vosges, du Jura, du Haut-Rhin, de la Moselle, du Doubs et des Hautes-Alpes. Tels furent, à cette époque, presque tous les départemens dont les produits en faulx et en faucilles furent distingués par des médailles d'or ou d'argent, et par des mentions honorables. Un seul département, aujourd'hui étranger, celui de la Sésia, partagea l'honneur de cette fabrication avec les départemens français, en obtenant une médaille d'argent. Cependant, malgré les succès obtenus, plusieurs établissemens de ce genre n'ont pu, vers l'époque indiquée, se maintenir sur le territoire français. Nous verrons plus tard quel est aujourd'hui l'état d'un genre d'industrie qu'on désire depuis long-temps de voir se naturaliser en France.

*Limes en 1806.* Des limes, jugées excellentes et bien taillées, avaient été envoyées à l'exposition de 1806, par les départemens d'Indre et Loire, du Calvados et de l'Ourthe, ainsi que par l'École des Arts et Métiers, alors établie à Compiègne, département de l'Oise. Le Jury, en se bornant à distinguer ces objets par une seule médaille d'argent et par trois mentions honorables, fit voir qu'il attendait de nouveaux progrès.

Des cylindres à laminoir, fabriqués avec des aciers provenans de l'aciérie de Souppes, qui est située dans le département de Seine et Marne, furent jugés dignes d'une médaille d'or.

*Tôles et fer-blanc en 1806.* Les départemens de la Moselle et de l'Ourthe avaient envoyé à l'exposition des tôles laminées et des fers-blancs, pour lesquels le Jury se contenta d'accorder une médaille d'argent de première classe, une de seconde, et une mention honorable; c'était récompenser de premiers succès, en excitant les fabricans à de nouveaux efforts.

Dans l'intention d'encourager la fabrication des ustensiles en fer battu, le Jury cita dans son rapport le nom d'un seul fabricant, du département de Jemmapes.

*Tréfileries en 1806.* Trois établissemens de tréfileries, dans le département du Doubs, et deux dans le département de l'Orne, furent distingués par des médailles d'argent de première classe, comme ayant fourni des fils de fer de bonne qualité et propres à la fabrication des cardes. L'un de ces établis_semens, celui de Boisthorel, près l'Aigle, avait présenté au concours des fils d'acier gradués avec intelligence et capables de satisfaire à tous les besoins des arts.

Le travail de l'acier poli valut à un manufac-turier de Paris (à feu M. Schey), une médaille d'argent, accompagnée d'éloges et d'encourage-mens.

Acier poli<br>en 1806.

Des ouvrages de serrurerie, exécutés avec soin sur de bons modèles, et offerts au commerce pour des prix inférieurs à ceux des manufac-tures d'Allemagne, furent distingués par deux médailles d'argent, décernées à deux entrepre-neurs des actives fabriques qui existent à Es-carbotin, dans le département de la Somme. Une mention honorable, pour des ouvrages du même genre, fut le prix des travaux d'un habile serrurier de Paris.

Serrurerie<br>en 1806.

La fabrication des instrumens de chirurgie fut récompensée par une médaille d'argent de première classe, qu'obtint un coutelier de Bor-deaux. La coutellerie commune de St.-Étienne, département de la Loire, et celle de Thiers, département du Puy-de-Dôme, furent mention-nées honorablement, et pour la bonne qualité des produits, et pour la modicité des prix; et pour le nombre d'ouvriers qu'emploie cette in-dustrie si variée, si active, et pour l'étendue de la branche de commerce qui s'y rapporte. La coutellerie fine de Paris (Seine), de Langres (Haute-Marne), de Moulins (Allier), de Cha-tellerault (Vienne), fut également distinguée par une mention honorable. Enfin, le Jury, pour

Coutellerié<br>en 1806.

encourager l'art de la coutellerie, nomma dans son rapport quatre autres fabricans de Paris et un fabricant de Bordeaux, comme ayant présenté de la coutellerie fine, de bonne qualité et d'une exécution soignée; il y ajouta le nom d'un fabricant du département des Vosges, qui avait envoyé de la coutellerie commune, d'un prix modique, et des lames d'une bonne trempe.

*Quincaille- rie en 1806.* — Le Jury de 1806 jugea dignes, soit de récompenses, soit d'encouragemens, neuf fabricans qui avaient présenté divers outils et instrumens, tels que : poinçons et alènes, hameçons, gouges et boute-avant pour les graveurs en bois, arbres de tour portant différens pas de vis, machines propres à étalonner et diviser le mètre, pesons à ressort et à cadran, peignes à serancer le chanvre, couteaux à revers pour les corroyeurs, vis à bois assorties, très-bien fabriquées à l'aide de machines de nouvelle invention; une médaille d'argent de deuxième classe et huit mentions honorables furent les témoignages de satisfaction que reçurent ces fabricans, dont les ateliers étaient situés dans les départemens de la Meurthe, des Côtes-du-Nord, de la Seine, de la Seine-Inférieure, de l'Isère, de l'Eure et du Haut-Rhin, c'est-à-dire, sur l'ancien territoire de la France.

*Aiguilles en 1806.* — La fabrication des aiguilles à coudre, à broder et à tricoter, de toutes les espèces, rappelle Aix-la-Chapelle et Borcette. L'honneur de cette industrie appartint tout entier au département de la Roër, aujourd'hui pays étranger. Une médaille d'or fut décernée à l'ensemble de ces fabriques, et remise au maire d'Aix-la-Chapelle.

*Épingles en 1806.* — Quant aux épingles, l'honneur de la fabrication fut partagé; une médaille d'argent de première classe fut décernée à un manufacturier d'Aix-la-Chapelle, qui avait inventé de nouveaux procédés; mais une manufacture française, située à l'Aigle, département de l'Orne, obtint une médaille d'argent de deuxième classe, pour avoir fabriqué, suivant les procédés ordinaires, des épingles raffinées, d'une très-bonne proportion et d'un prix modéré.

L'excellente fabrication des armes de toute espèce, est, pour notre vieille France, un apanage aussi ancien que la valeur française. Lorsque l'industrie de tant de pays étrangers était appelée à concourir avec celle de la France, ce fut une seule manufacture, toute française malgré son nom allemand, ce fut *Klingenthal* (département du Bas-Rhin), qui présenta des armes blanches, d'un mérite consacré par les victoires de nos armées. Le Jury de 1806 décerna une médaille d'or à cette célèbre manufacture d'armes blanches.

*Armes blanches en 1806.*

Pour la fabrication des armes à feu, une médaille d'argent, de deuxième classe, fut décernée à un arquebusier de Paris, et le Jury mentionna honorablement la fabrique de Saint-Étienne, ainsi que les arquebusiers de Paris, et le conservateur du dépôt central de l'artillerie, M. Regnier. Un seul fabricant d'armes, du pays de Liége, aujourd'hui étranger, M. Feuillet, partagea cet honneur avec les Français, pour avoir présenté des platines *identiques*, ainsi nommées à cause de la parfaite similitude des pièces qui les composent.

*Armes à feu en 1806.*

A cette même époque, de l'exposition de 1806, la plus grande activité régnait dans les célèbres manufactures d'armes à feu de Saint-Étienne, de Roanne, de Tulle, de Tarbes, de Maubeuge, de Charleville, de Muntzig et de Versailles.

Après avoir rappelé le beau spectacle qu'offrait l'industrie française du règne minéral, en 1806, considérons-la telle qu'elle est en 1819. Afin de faciliter la comparaison des deux époques, nous examinerons successivement tous les objets dans le même ordre.

## EXPOSITION DE 1819.

### *Examen de la deuxième question posée ci-dessus.*

Plomb en 1819.

L'exploitation du plomb est en activité dans les départemens du Finistère, de la Lozère, de l'Isère et de la Haute-Loire. On poursuit ailleurs quelques recherches qui ont ce métal pour objet. La diminution de richesse, que la France a éprouvée en ce genre, sera peut-être bientôt compensée, avec avantage, par le rétablissement des célèbres travaux souterrains de la Croix et de Sainte-Marie, dans les Vosges ; du moins, tels sont les vœux et l'espoir du Conseil des Mines.

Dans l'état actuel des choses, on obtient annuellement du territoire français environ 5000 quintaux métriques, tant de plomb que de litharge, avec 1343 kilogrammes d'argent, et 1200 quintaux métriques de plomb sulfuré dit *alquifoux.*

Par la comparaison des importations et des exportations en ce genre, qui ont été constatées pour les deux années 1816 et 1817, on peut calculer, en prenant la moyenne de ces deux années, que la quantité de plomb et litharge, ci-dessus énoncée comme produit du sol français, n'est qu'environ la huitième partie du plomb qui est annuellement nécessaire à la France pour son intérieur, et que la quantité d'*alquifoux* correspond à la septième partie de ses besoins annuels (1).

Mais si la France est encore réduite à tirer de l'étranger une quantité considérable de plomb, son industrie sait déjà augmenter avantageusement, par la main-d'œuvre, le prix de cette matière première. C'est ce que prouvent onze envois qui sont mentionnés dans le Catalogue de l'exposition de 1819, sous les nos. 940 à 944, 1364 à 1366, 1409, 1429 et 1432 :

Divers ouvrages en plomb laminé sont présentés par le département de la Seine, et notamment des feuilles de plomb bien exécutées, dont la largeur est de 9 pieds ;

Des balles et du plomb de chasse, d'une fabrication satisfaisante, sont envoyés par les départemens du Calvados et d'Indre et Loire ;

Un tuyau de plomb laminé, sans soudure, provient du département du Nord ;

D'autres tuyaux de plomb, qui sont aussi

---

(1) Voyez, dans les *Annales des Mines*, 4°. livraison de l'année 1818, page 571 et suivantes :

1°. Le Tableau des substances minérales qui ont été importées de l'étranger ou exportées de France, en 1816 et 1817, rédigé d'après les documens officiels fournis par l'Administration des Douanes à l'Administration des Ponts-et-Chaussées et des Mines ;

2°. Le Tableau des produits bruts des mines, minières, etc., du royaume, en 1817, rédigé d'après les documens existans à l'Administration des Ponts-et-Chaussées et des Mines ;

3°. Les Observations sur les deux tableaux qui précèdent par M. Louis Cordier, inspecteur-divisionnaire au Corps royal des Mines.

exécutés au laminoir et sans soudure, font partie des produits qu'expose le département des Bouches-du-Rhône.

Ces objets, en général, n'offrent rien de nouveau; cependant, il convient de remarquer que le procédé qui est employé, pour la fabrication des tuyaux sans soudure, a pris une estimable consistance; car les consommateurs préférent ces tuyaux de plomb aux tuyaux soudés.

Nous reviendrons plus tard sur le mérite des divers fabricans, en traitant notre troisième question, qui est relative aux personnes et aux distinctions.

Parmi les produits plombifères, les plus dignes de l'attention du Jury nous paraissent être : le *minium* (ou oxide rouge de plomb), qui est envoyé par le département d'Indre et Loire comme produit de la fabrique de Tours, et par le département de la Seine comme produit de la fabrique de Clichy; la belle *céruse* (ou carbonate de plomb) de cette dernière fabrique; celle que présente aussi le département de la Meurthe; et enfin, le sel de saturne (ou acétate de plomb), qui est envoyé par les départemens de l'Hérault et de la Côte-d'Or.

Cuivre en 1819. Si la France a lieu de regretter plusieurs des mines de cuivre qu'elle possédait en 1806, celles de son ancien territoire, et particulièrement les célèbres exploitations de Saint-Bel et de Chessy, département du Rhône, se sont enrichies de nouvelles découvertes depuis cette époque. On espère que plusieurs mines, abandonnées depuis long-temps, pourront être rétablies avec succès, par exemple, celles des Pyrénées, et notamment à Baigorry.

Aujourd'hui, la production annuelle du cuivre indigène est, en France, d'environ 1200 quintaux métriques. D'après une comparaison analogue à celle que nous avons établie ci-dessus, relativement au plomb, il paraît, si l'on prend la moyenne des années 1816 et 1817, que la France a besoin, pour son intérieur, d'une quantité de cuivre rosette qui s'élève annuellement à 20000 quintaux métriques; ainsi, le royaume ne produit aujourd'hui qu'environ la dix-septième partie de la quantité de ce métal, qui lui est nécessaire.

Une industrie active s'exerce, dans plusieurs belles manufactures françaises, sur une quantité d'environ 18500 quintaux métriques de cuivre, tant neuf que vieux; telle est, à ce qu'il paraît, la quantité de métal brut que nous tirons de l'étranger par année commune, calculée d'après 1816 et 1817.

Les produits de nos manufactures de cuivre sont exposés sous les n°⁵. 952 à 957 :

Du cuivre laminé est envoyé par les départemens des Ardennes, de l'Eure et de la Seine-Inférieure ;

Des planches de cuivre, par les départemens de la Haute-Garonne et de la Nièvre.

Parmi les établissemens de ces diverses contrées, ceux de Fromelenne, département des Ardennes, de Romilly, département de l'Eure, et de Toulouse, département de la Haute-Garonne, soutiennent et augmentent leur ancienne réputation; ceux de Rugles, département de l'Eure, de Rouen, département de la Seine-Inférieure, et d'Imphy, département de la Nièvre, sont des établissemens nouveaux, qui, dès leur entrée

dans la carrière, y figurent avantageusement.
En général, tous les produits de ces manufactures de cuivre rouge se font remarquer par leur
beauté et par leur bonne qualité. On distingue,
pour la netteté du décapage et pour la belle exécution, les doublages, planches et fonds de chau-
dières, de la manufacture d'Imphy, dans laquelle s'est transportée toute entière l'industrie
renommée de l'établissement de *Dilling*, aujourd'hui séparé de la France.

Cette manufacture n'existe que depuis le
1er. mai 1816; et déjà, elle procure du travail à
plus de quatre cents individus. On y fabrique
annuellement 3000 quintaux métriques de cuivre laminé en planches, tant pour les ateliers
de chaudronnerie, que pour le service de la
marine. Les premières ont habituellement 52
pouces de long, 42 de large, $\frac{1}{4}$ à $\frac{1}{3}$ de ligne d'é-
paisseur; les secondes, 60 pouces de long, 18 de
large, et un poids total de 8 à 12 livres.

Une feuille de cuivre, exposée par l'établissement *d'Imphy* (sous le nº. 935), présente les
dimensions que voici : 1 mètre 949 millimètres,
ou 6 pieds de long; 1 mètre 272 millimètres, ou
3 pieds 11 pouces de large; un demi-millimètre
d'épaisseur : cette feuille pèse 5 kilogrammes.

Le même établissement d'Imphy a présenté
une tuyère en cuivre, à l'usage des forges à fer;
cette pièce, très-bien exécutée, est offerte pour
le prix de 5 francs le kilogramme. Jusqu'à ce
jour, le prix de semblables objets, qui sont
d'une utilité bien connue dans les usines métallurgiques, s'était élevé, dans les autres fabriques,
au-dessus de 6 francs le kilogramme.

On remarque, comme une sorte de mur de

force, deux planches de cuivre que présente la manufacture de Romilly, sous le n°. 937 ; ces planches, très-bien exécutées, ont 12 à 15 pieds de long sur 6 pieds ½ de large. La même manufacture a exposé des clous de cuivre, qui sont dignes d'être employés pour l'assemblage de ces belles planches.

Quoique l'exposition de 1819 n'offre aux regards du public aucun ouvrage nouveau des actifs et loyaux fabricans de Villedieu, département de la Manche, qu'il nous soit permis de rappeler en passant, que cette modeste industrie, qui s'applique depuis plusieurs siècles à refondre et à façonner les vieux cuivres, se soutient toujours avec honneur dans cette partie de la France, ainsi que dans plusieurs autres dont nous avons déjà fait mention, au sujet de l'exposition de 1806.

Vers l'année 1810, une nouvelle branche d'industrie s'est naturalisée sur l'ancien territoire de la France ; c'est la fabrication du laiton. Avant cette époque, il avait existé, à la vérité, une seule fabrique de ce genre, à Landrichamp, dans les Ardennes ; mais depuis long-temps elle était hors d'activité, lorsqu'en 1810 l'usine à laiton, de Fromelenne, près Givet, fut construite par M. de Contamine. Cette usine est aujourd'hui entre les mains de M. Saillard.

En 1819, la fabrication du laiton brut est en activité dans plusieurs grandes usines situées à Fromelenne, à Landrichamp, à Rouen, à Romilly, et dans quelques petites fonderies qui existent à Rouen et à Paris.

On estime que l'ensemble de ces usines procure annuellement 11000 quintaux métriques de laiton; un tiers environ de cette quantité est obtenu par la fusion du cuivre rosette avec la calamine, le vieux cuivre jaune et le zinc métallique, tandis que les deux autres tiers résultent de la fusion du cuivre rosette avec le zinc seul (1). Il paraît, d'après les années 1815 à 1817, qu'outre la quantité de laiton que la France fabrique elle-même, elle tire annuellement de l'étranger environ 7000 quintaux métriques de cette matière première.

Ainsi, l'industrie manufacturière s'exerce, en France, sur environ 18000 quintaux métriques de laiton, par année.

Divers échantillons de cette industrie sont exposés sous les nos. 897, 931, 937 à 939 :

Du laiton brut est présenté par le département de la Seine-Inférieure ;

Du fil de laiton, par les départemens de l'Eure, de la Seine-Inférieure, du Doubs, du Bas-Rhin, des Ardennes ;

Des anneaux polis, en laiton, et des dés en similor, par le département d'Eure et Loir.

Nous pouvons ajouter que, dans plusieurs établissemens qui n'ont pas exposé leurs produits en ce genre, par exemple, à Imphy, département de la Nièvre; à Hayange, département de la Moselle; à Avignon, département de Vaucluse; à Chandey, près l'Aigle, département de l'Orne; à Courteil, près Verneuil; et

_____________

(1) Voyez 1°. dans les *Annales des Mines*, 5e. livraison de 1818, page 580, l'Extrait d'un rapport de M. Duhamel, inspecteur général des Mines, sur l'état actuel des fabriques de laiton en France, etc.;

2°. Les Tableaux et Observations déjà indiqués ci-dessus, page 19.

à Launay, département de , Eure , il existe des laminoirs qui sont quelquefois employés à réduire le laiton en feuilles.

Parmi les produits en cuivre jaune qui sont exposés aux regards du public, les fils de laiton de MM. Boucher fils, fabricans dans les départemens de la Seine-Inférieure, de l'Orne et de l'Eure, ainsi que les cordes de piano de M. Mouchel, de l'Aigle, n°. 895, nous paraissent mériter l'attention particulière du Jury, comme étant de la plus belle exécution.

C'est ici le lieu de faire mention de plusieurs grands appareils en cuivre battu, et des beaux ouvrages en bronze, qui sont exposés par divers fabricans du département de la Seine, sous les n°ˢ. 1291 à 1300, et 1306. Des ateliers de ce même département, il est sorti deux autres ouvrages dont tous les Français sauront apprécier le mérite, autant qu'ils en chérissent l'objet. Ce sont deux statues de Henri IV : la première est une statue équestre qui a déjà repris sa place sur le Pont-Neuf, à Paris; la seconde est une statue pédestre, qu'on voit exposée dans la cour du Louvre, et qui doit recevoir les hommages des Français à Nérac, dans les mêmes lieux qui furent témoins de la jeunesse du bon Henri. A cet égard, laissant de côté ce qui appartient à l'art du statuaire, nous nous bornerons à remarquer que l'art du fondeur soutient, en France, son ancienne réputation, et même que les procédés de cet art difficile sont exécutés aujourd'hui plus économiquement qu'autrefois.

En terminant ce qui concerne le cuivre, nous rappellerons au Jury l'acétate, ou verdet cristallisé, du département de la Côte-d'Or, et celui du département de l'Hérault, qui est exposé sous le n°. 1429; enfin, les cymbales et *tamtams*, alliage long-temps inconnu, de cuivre et d'étain, qui est aujourd'hui exécuté avec succès et à bas prix, par l'École royale des Arts et Métiers de Châlons sur Marne, d'après les savantes recherches de M. d'Arcet.

Zinc
en 1819.

La France ne possède plus aucune exploitation de calamine, qui puisse fournir le zinc aux nombreuses fabriques dont nous avons déjà rappelé les besoins; mais d'après d'heureux essais, qui ont été entrepris en 1818 par M. Boucher, sous les auspices de l'Administration des Mines, un nouveau moyen d'obtenir, du sol français, le zinc ou son oxide, pourra dédommager amplement les fabricans de laiton. Ce moyen existe dans un minéral connu sous le nom de *blende*, ou zinc sulfuré, que la France possède en abondance, mais qui était négligé par nos mineurs, et que désormais on saura mettre à profit. Comme les détails des essais exécutés en grand, à cet égard, sont consignés dans les *Annales des Mines*, nous ne nous y arrêterons pas davantage (1).

Bornons-nous à remarquer que, d'après les faits constatés pour les années 1816 et 1817, l'importation de calamine, tant brute que grillée, s'élève, en France, à 1000 et quelques quintaux

---

(1) Voyez, dans les *Annales des Mines*, 1°. l'Extrait d'un mémoire sur l'emploi de la *blende* dans la fabrication du laiton, etc.; par M. Boucher fils, manufacturier à l'Aigle, 2°. livraison de l'année 1818, page 227;

2°. L'extrait d'un rapport de M. Berthier, ingénieur au Corps royal des Mines, sur les essais faits dans une fonderie de laiton, avec la blende, etc., 3°. livraison, 1818, pag. 345.

métriques par année commune, et l'importation
de zinc métallique, à 1155 quintaux métriques,
sur lesquels on n'exporte hors de France qu'environ 560 quintaux métriques de zinc; ces don-
nées feront sentir l'importance de l'innovation
qui a été tentée avec succès. On espère que les
besoins de nos fabriques de laiton, qui jusqu'à
présent sont réputés équivaloir en total à 5276
quintaux métriques de calamine étrangère,
pourront un jour être satisfaits avec 2366 quintaux métriques de blende tirée du sol de la
France.

En attendant, l'industrie manufacturière
s'exerce avantageusement sur le zinc à l'état de
métal, ainsi qu'on le voit par les objets exposés
sous les n°ˢ. 945 à 947 :

Le département des Ardennes présente du
zinc laminé et du zinc étiré à la filière ;

Le département de l'Eure, des clous de zinc;

Le département de la Seine, un barreau ainsi
que des clous de ce métal, et le buste du Roi,
coulé en zinc et réparé à l'outil.

Tous ces objets prouvent que l'art avec lequel on traite le zinc, en France, a définitive-
ment élevé ce métal au rang des métaux duc-
tiles.

L'exploitation de l'étain est née en France depuis l'exposition de 1806. Cette nouvelle branche
d'industrie est due aux recherches que le Gouvernement a fait exécuter par le Corps royal des
Mines, à Vaury, dans le département de la
Haute-Vienne, et à Piriac, dans le département
de la Loire-Inférieure (1). Aujourd'hui, ces

Étain
en 1819.

_______________

(1) Voyez : 1°. dans le *Journal des Mines*, n°. 198,

deux mines fournissent déjà quelques produits ; des échantillons en sont exposés sous le n°. 1530.

L'étain français, quand le minerai est traité avec soin, comme il l'a été dans le Laboratoire de l'École royale des Mines, est reconnu supérieur aux meilleurs étains d'Angleterre ; il ne le cède en rien à ceux de Banca et de Malaca.

L'étain de Vaury est allié naturellement à une très-petite portion de fer ; il en résulte qu'avec ce métal seul, et sans le secours des alliages artificiels qu'on introduit ordinairement dans l'étain, on peut fabriquer des ustensiles de ménage qui sont aussi *fermes* que l'étain allié du commerce, et dont l'usage ne présente aucun des inconvéniens de ce dernier, sous le rapport de la salubrité.

L'étain français, réduit en feuilles, a été employé pour l'étamage d'une glace très-nette, que l'on voit auprès des minerais et du métal français.

Une autre feuille d'étain, mais d'étain étranger, laquelle est remarquable par une grande étendue et par une belle exécution, se trouve exposée sous le n°. 1180, avec les produits de la manufacture royale des glaces de Saint-Gobin et Paris.

Enfin, pour ne rien passer sous silence de ce qui a rapport à l'étain, nous rappellerons au Jury des ustensiles fabriqués avec ce métal, dans le département de la Seine ; lesquels sont exposés

page 435, une Notice sur la découverte de l'étain en France ; par M. de Cressac, ingénieur en chef des Mines ;

2°. Dans les *Annales des Mines*, 1re livraison de 1819, page 21, un Rapport sur la mine d'étain de Piriac ; par MM. Juncker et Dufrenoy, aspirans au Corps royal des Mines.

sous les nᵒˢ. 1444 et 1445, ainsi que du muriate d'étain, qui est envoyé par le département de la Seine-Inférieure et présenté aux regards du public sous le nᵒ. 1440.

D'après les faits constatés pour les années 1816 et 1817, on estime que l'importation de l'étain étranger, tant brut qu'ouvré, mais principalement brut, s'élève en France, par année commune, à 3500 quintaux métriques; l'exportation de ce métal, principalement à l'état d'étain ouvré, ne s'élève qu'à 800 quintaux métriques. Ces faits sont propres à faire sentir combien il est à désirer que l'exploitation et le travail ultérieur de l'étain prennent en France tout le développement que les nouvelles découvertes permettent d'espérer.

L'antimoine est toujours exploité sur l'ancien territoire de la France, dans les mêmes départemens dont nous avons déjà fait mention au sujet de l'exposition de 1806. Aucun produit de ce genre n'est exposé en 1819; c'est apparemment, ou parce que les produits sont restés tels qu'ils étaient, ou parce que quelques améliorations qu'on a entreprises n'ont pas encore procuré tous les résultats espérés. Quoi qu'il en soit, on obtient annuellement du sol de la France, environ 1200 quintaux métriques d'antimoine cru, ou sulfure épuré par le feu, dont une partie est réduite en *régule*, pour les besoins de l'art typographique, etc., ou convertie en *crocus* et en médicamens.

D'après un terme moyen, déduit des années 1816 et 1817, l'importation relative à ce métal n'excède pas annuellement, en France, 6 ou 7 quintaux métriques; et l'exportation s'élève à-peu-près à 260 quintaux métriques, tant d'antimoine cru que de régule. Ainsi, la balance du commerce est, à cet égard, entièrement à l'avantage de la France. Que n'en est-il de même pour tous les métaux !

Mercure en 1819.

Le mercure n'est pas exploité sur le territoire français ; cependant, la France jouit d'un avantage qui lui manquait en 1806 ; c'est qu'une fabrique de *vermillon*, ou sulfure de mercure en poudre, est en activité dans le département de la Seine : on en voit les produits sous le n°. 1396 : ils se distinguent par l'éclat de leur couleur.

Fer en 1819.

Nous voilà parvenus à la plus belle partie de la métallurgie française, à ces forges qui constituent une des plus précieuses richesses de notre belle patrie.

Parmi les nombreux produits que nous offre le travail du fer, il convient de distinguer, dans l'exposition de 1819, la fonte de fer, le fer forgé, l'acier de toutes sortes, les faulx, les limes et les râpes, la tôle et le fer-blanc ; les fils de fer et les fils d'acier, les aiguilles, les épingles, les cardes et les toiles métalliques ; les ouvrages de quincaillerie, de serrurerie et de coutellerie ; les armes blanches et les armes à feu : tels sont les objets que nous allons passer en revue.

Fonte de fer en 1819.

Treize envois de fonte de fer, tant brute que moulée, sont présentés aux regards du public, sous les n<sup>os</sup>. 821 à 832, 852 et 919, par les départemens de l'Isère, de la Côte-d'Or, de la Haute-Marne, de la Moselle, du Haut et du Bas-Rhin, de la Somme, d'Eure et Loir, et de la Seine. Les fontes brutes d'Allevard et de Vienne, département de l'Isère, exposées sous les n<sup>os</sup>. 823 et 824, sont des fontes grises, d'une bonne qualité, qui, depuis long-temps, est commune en France. Ces deux fontes ont été obtenues, la première par le moyen du charbon de bois, et la seconde par le moyen de la houille carbonisée, dite *coke*; ce dernier procédé, qui, depuis trente ans, est en activité dans l'usine du Creusot, n'offre rien de particulier à Vienne, si ce n'est qu'on y emploie, parmi les minerais, mais seulement dans la proportion d'un cinquième, le fer carbonaté des houillères, qui provient des mines du département de la Loire.

Ce précieux minerai, dont il a déjà été fait mention plus haut, est susceptible, en France, d'un usage beaucoup plus étendu, beaucoup plus avantageux, principalement dans certains lieux où le bois manque et où la houille abonde. En d'autres lieux, où il existe tout à-la-fois des forêts et des mines de houille à proximité des usines, on pourra, très-utilement aussi, fondre le minerai de fer à l'aide du bois dans les hauts-fourneaux, et affiner la fonte, pour la réduire en fer, par le moyen de la houille, dans les fourneaux de réverbère. Ce sera par une sage combinaison de ces divers procédés, que les usines françaises parviendront à répandre abondamment, dans le commerce, de bonnes fontes et de bons fers, d'un prix peu élevé; alors, elles rivaliseront avec certaines usines étrangères dont ces mêmes procédés ont fait la réputation et la richesse.

Tels sont du moins les vœux qu'a depuis long-temps exprimés l'Administration des Mines : dès l'année 1805, la description des procédés qui sont usités dans les forges de la Grande-Bretagne fut publiée par le Conseil des Mines, d'après les observations d'un ingénieur des Mines de France (1).

Depuis cette époque, on a exécuté sur divers points de la France, et notamment dans le département du Nord, en l'année 1817, par les soins réunis d'un ingénieur au Corps royal des Mines et de M. l'ingénieur-mécanicien des mines d'Anzin, des essais en grand, qui ont présenté d'heureux résultats, pour la fusion du minerai de fer des houillères par le moyen de la houille (2). Plusieurs grandes entreprises se sont formées tant pour cet objet, que pour les travaux ultérieurs qui s'y rapportent, par exemple, celle d'une *Société anonyme*, dans le département de la Loire, et celle de MM. Frère-Jean, dans le département de l'Isère (3).

Espérons que bientôt de semblables établissemens acheveront de faire participer la France aux bienfaits de cette importante révolution, qui, depuis quelques années, s'est opérée, en Europe, dans le travail du fer.

(1) Voyez *Journal des Mines*, n°. 100, un Mémoire sur les procédés employés en Angleterre pour le traitement du fer par la houille, par M. de Bonnard, ingénieur en chef au Corps royal des Mines.

(2) Voyez dans les *Annales des Mines*, 3ᵉ. livraison de 1819: 1°. le Procès-Verbal des essais faits par MM. Clere, ingénieur au Corps royal des Mines, et Tournelle, ingénieur-mécanicien des mines d'Anzin; 2°. l'Extrait d'un Rapport de M. Berthier, ingénieur au Corps royal des Mines, sur les minerais de fer des houillères de France.

(3) Voyez les *statuts* de la Société anonyme, dite *Compagnie des mines de fer de Saint-Étienne*, imprimés à Mont-Brison, en 1818. Par l'article 48 de ces statuts, M. de Gallois, ingénieur en chef au Corps royal des Mines, est nommé *directeur-fondateur* de l'établissement.

Si l'on compare les objets en fonte moulée, que réunit l'exposition de 1819, avec ceux qui furent exposés en 1806, on reconnaît d'un coup d'œil les progrès qu'a faits cette branche d'industrie.

On voit avec plaisir que, pour la fabrication des socs de charrue, la fonte de fer est habilement employée en France, et que la pointe du soc est formée par un morceau de *gros-acier*, inséré dans la fonte. Un moulin à farine, exposé sous le n°. 1470, présente des meules en fonte de fer, qui sont susceptibles d'être *repiquées* comme les meules de pierre.

En général, tous les produits en fonte de fer moulée sont bien exécutés; mais il convient surtout de remarquer les objets exposés sous les numéros suivans, savoir :

Ustensiles, outils, pièces de machine, couverts de table et clous, en fonte adoucie, que M. Baradelle, de Paris, présente sous le nom de *fonte malléable* (n°. 821), objets dont le mérite a déjà été couronné par la Société d'Encouragement (1);

Vases de fonte émaillée (n°. 831), qui ont valu ce même honneur à M. Würtz, de Strasbourg;

Fourneaux et braisières en fonte de fer, provenans de la forge de Creutzwald, département de la Moselle (n°. 832);

Mortiers et pilons, présentés par M. Meutzer,

___

(1) Voyez dans les *Annales des Mines* de 1819, 1<sup>re</sup>. livraison, page 159 et suivantes, l'Extrait d'un rapport de M. Gillet de Laumont, inspecteur général des Mines, sur la fabrication de divers objets de petites dimensions, en fonte de fer adoucie.

département de la Seine (n°. 822), ouvrages bien traités au tour et d'un beau poli;

Socs de charrue et roues, par M. Rochet, à Bèze, Côte-d'Or (n°, 825);

Divers ouvrages et ustensiles, par M. Goupil, à Dampierre, Eure et Loir (n°. 830);

Assortimens de roulettes en fonte de fer, par M. Dumas fils, à Paris (n°. 919).

*Usines à fer en 1819.* Sur le territoire français, on compte aujourd'hui plus de cinquante départemens dans lesquels il existe des hauts-fourneaux, employés pour la fusion des minerais de fer. Le seul département de la Haute-Marne possède quarante-trois de ces grands appareils; la Haute-Saône trente-huit; la Nièvre trente; la Côte-d'Or autant; la Dordogne vingt-neuf; l'Orne vingt-un; la Meuse autant; la Moselle quatorze; l'Isère à-peu-près le même nombre, ainsi que le Cher et l'Allier, considérés ensemble; Saône et Loire neuf; le Haut et le Bas-Rhin, autant pour ces deux départemens; l'Eure huit, ainsi que l'Indre; enfin, le Jura six, ainsi que le Doubs. Le nombre total des hauts-fourneaux excède trois cent cinquante.

D'après les états de produits qui sont déposés à l'Administration des Mines, on estime que, de l'activité des hauts-fourneaux, il résulte par année moyenne:

En fonte, moulée immédiatement, environ 145000 quintaux métriques;

En fonte brute, destinée,

Soit au moulage par seconde fusion (ce qui est un objet peu considérable);

Soit aux affineries de fer (ce qui est l'objet principal);

Soit aux aciéries (dont les progrès seront indiqués plus tard);

En total, environ 960000 quintaux métriques.

Cette quantité de fonte brute, d'après le taux connu du déchet qu'elle éprouve, équivaut au moins à 640000 quintaux métriques de fer forgé en grosses barres.

De plus, il existe en France quatre-vingt-dix-huit forges catalanes, dans lesquelles on obtient directement le fer, du minerai, et dont le produit annuel en métal est d'environ 150000 quintaux métriques.

Ainsi, un total de 790000 quintaux métriques de fer, forgé en grosses barres, voilà l'importante masse de matière première, ou de métal brut tiré du sol de la France, sur laquelle s'exerce annuellement l'industrie française.

Outre cela, ainsi qu'on peut le calculer d'après les années 1816 et 1817, la France reçoit annuellement de l'étranger, par l'importation, 25083 quintaux métriques de fonte brute, et elle n'exporte que 1788 quintaux métriques de cette matière première. On estime aussi, d'après un calcul analogue, que, par année moyenne, il entre en France 188705 quintaux métriques de fer forgé en barres, plates, carrées, ou rondes, qui provient des usines étrangères, tandis que les usines françaises n'envoient au-dehors, par l'exportation, qu'environ 17002 quintaux métriques de fer forgé des mêmes sortes (1).

Ce qui précède, concernant l'exposition de 1806, a déjà rappelé au Jury toutes les ingé-

_______________

(1) Voyez *Annales des Mines* de 1818, 4°. livraison, page 574 et suivantes.

nieuses métamorphoses que subit une grande partie de ce métal, dans une multitude d'ateliers de conversion.

Les nombreux échantillons de gros fer en barres, de fer fendu et de fer martiné, que réunit l'exposition de 1819, sont envoyés par les forges des départemens de l'Isère, de la Haute-Vienne, de la Haute-Marne, de la Haute-Saône, du Cher, d'Eure et Loir, du Jura, de l'Allier, de la Côte-d'Or, des Ardennes, du Bas-Rhin, et de l'Aude; ils sont exposés sous les n<sup>os</sup>. 834 à 851.

C'est faire l'éloge de ces fers, que de remarquer qu'en général ils soutiennent la réputation des forges françaises. Nous avons déjà rappelé ce qui fut déclaré, à cet égard, par le Jury de 1806. Le Jury de 1819 a tout lieu d'être également satisfait de la bonne qualité des fers de la France; il faut cependant avouer qu'on leur reproche d'être d'un prix beaucoup plus élevé que ceux des nations voisines et rivales; mais il faut espérer que bientôt, éclairés par leur propre intérêt, et guidés par les lumières des sciences qui se répandent dans les ateliers, nos maîtres de forge sentiront la nécessité d'employer des procédés plus économiques; sans cela, ils ne sauraient soutenir la concurrence des étrangers, et renoncer enfin, du moins en partie, à la protection, jusqu'à présent trop nécessaire, de ces droits d'entrée dont se plaignent les consommateurs. Plusieurs améliorations déjà effectuées en font espérer de nouvelles.

Par exemple, dans un grand nombre de forges françaises, les soufflets à piston remplacent les anciens soufflets pyramidaux. Dans le département du Cher, M. Aubertot a su adapter à ses hauts-fourneaux et à ses affineries, des fours à réverbères qu'il échauffe avec le calorique superflu ; par ce moyen, on élève à la température convenable toutes les sortes de fer destinées à d'autres manipulations, et même les fers à fendre, ainsi que les aciers de cémentation (1).

Dans le département de l'Allier, M. Rambourg fabrique des fers qui résistent aux plus fortes épreuves, tant à froid qu'à chaud ; on en voit des échantillons remarquables sous le n°. 848.

Dans le département du Jura, MM. Lemyre, à ce qu'assure le Jury spécial de ce département, sont parvenus à obtenir constamment des fers très-doux, en n'employant que des fontes aigres, et cela, par un procédé fort simple ; il consiste, en général, à mêler avec la fonte, dans le feu d'affinerie, une certaine quantité de minerai semblable à celui dont elle provient.

Dans le département de l'Isère, les forges catalanes ont commencé à remplacer un mode vicieux d'affinage du fer (2).

Parmi les efforts des maîtres de forge, ceux qui nous paraissent mériter l'attention particulière du Jury ont eu lieu dans les usines de

---

(1) Voyez dans le *Journal des Mines*, n°. 210, juin 1814, page 375, un Mémoire de M. Berthier, ingénieur des Mines, sur plusieurs moyens imaginés pour employer la flamme perdue, etc.

(2) Voyez dans les *Annales des Mines* de l'année 1816, page 385 et suivantes, un Mémoire sur les forges catalanes de *Pinsot*, situées dans l'arrondissement de Grenoble, par M. Gueymard, ingénieur au Corps royal des Mines.

Vienne, département de l'Isère, et de Grossouvre, département du Cher.

Comme produit du premier de ces établissemens, MM. de Blumenstein et Frère-Jean ont
exposé (sous le n°. 834) du fer obtenu par le
procédé d'affinage qui s'exécute, dans le fourneau de réverbère, avec la houille brute, et qui
est connu sous la dénomination d'*affinage anglais*; il est à désirer que ces fabricans donnent
suite à ce premier essai. Nous avons lieu de
croire que le même procédé sera bientôt employé dans plusieurs usines françaises qui déjà
en ont manifesté l'intention.

Dans le second des établissemens indiqués,
aux forges de Grossouvre qui appartiennent à
MM. Paillot et l'Abbé, M. Dufaud exécute, depuis deux ans, les opérations qui terminent ordinairement l'affinage anglais; ces opérations
consistent à étirer la loupe en barres, entre des
cylindres de laminoir diversement cannelés. Les
fers qu'on a fabriqués à Grossouvre, par ce procédé, ne laissent rien à désirer, ni pour la qualité du métal, ni pour l'exécution des barres.
Une grande précision dans les formes, une parfaite homogénéité dans la matière, une précieuse célérité dans le travail, tels sont les prin-
cipaux avantages de cette méthode.

Ce qui précède suffit pour faire voir que,
dans l'ensemble des deux établissemens indiqués,
la France possède enfin l'exécution entière d'un
procédé dont l'Angleterre obtient de grands
avantages. Une vaste entreprise, qui est déjà
formée dans le département de la Loire, doit
réunir toutes les parties des procédés anglais,

d'après des statuts qui sont publiés depuis plusieurs années (1).

Il fut un temps où l'industrie française gémissait d'être réduite à tirer des pays étrangers une matière dont la qualité influe essentiellement sur les produits de presque tous les arts; l'*acier* semblait alors n'oser paraître dans les ateliers de la France, qu'avec la recommandation de l'Allemagne ou de l'Angleterre. Dès 1806, ainsi que nous l'avons déjà remarqué, d'heureux changemens s'opéraient dans cette précieuse branche d'industrie; mais il restait beaucoup à faire pour qu'elle fût naturalisée chez nous, pour qu'elle s'y développât avec tous ses fruits.

On désirait, dans nos aciers naturels et dans nos aciers cémentés, un triage plus exact, un raffinage plus soigné, une constance mieux établie dans chacun des divers degrés d'aciération, une distinction plus précise des diverses qualités d'acier, une application plus sûre de chacune de ces qualités à chacun des arts. Quant à l'acier fondu, la France n'offrait encore, en 1806, que de premiers essais: ils furent heureux; mais c'était dans le pays de Liége, qui a cessé d'être français.

Aujourd'hui, le nombre des envois d'acier de toute espèce, que réunit l'exposition de 1819, et plus encore le mérite constaté de ces produits aussi variés qu'abondans, les suffrages non équivoques du commerce, ainsi que des établissemens publics, enfin, mieux que tout cela, des commandes multipliées en acier, tout prouve

Acier<br>en 1819.

---

(1) Voyez les notes ci-dessus, page 32.

que les fabricans français sont parvenus à ré-
soudre un important problème.

Les départemens du Bas-Rhin, de la Seine,
de la Nièvre, de la Haute-Vienne, de la Haute-
Saône, de la Loire, du Cher, de l'Aude, du Loiret, de l'Ariège, de la Côte-d'Or, de la Haute-
Garonne, et d'Indre et Loire, sont ceux dont les
produits en acier font partie de l'exposition de
1819 (sous les nᵒˢ. 851, 855 à 870 et 893).

On sait que la fabrication de l'acier est en activité dans plusieurs autres départemens, tels
que le Haut-Rhin, les Vosges, Loir et Cher, le
Jura, le Doubs, l'Isère, la Drôme, la Dordogne; mais les produits de ceux de ces départemens qui ont envoyé de l'acier figurent parmi
les limes, les faulx et autres ouvrages analogues.

Des essais multipliés, dont il a été rendu
compte dans plusieurs savans mémoires, ne
laissent plus aucun doute sur l'excellente qualité des aciers français; la quantité des produits
n'est pas moins satisfaisante (1).

Pendant l'année 1818, la fabrique de M. Garrigou, à Toulouse (Haute-Garonne), a livré au
commerce 2000 quintaux métriques d'acier,
50000 faulx, et une grande quantité de limes.

Les aciers de M. Dequenne, département de
la Nièvre, jouissent aussi de la confiance du
commerce, comme étant bien soignés : une autre
considération ne manquera pas d'exciter l'intérêt
du Jury, en faveur de ce fabricant ; c'est qu'il

_______________

(1) Voyez dans les *Annales des Mines* de 1819, 2ᵉ. livraison, page 223 et suivantes, l'Extrait d'un rapport de M. Gillet de Laumont, inspecteur général des Mines, sur les
aciers, etc.

s'est élevé par ses propres forces, et qu'il augmente sa fabrication de jour en jour.

Mais, parmi ces nombreux fabricans d'acier français, qui tous méritent au moins des éloges, ainsi que nous l'exposerons plus tard, à qui appartiendra cette noble palme que le Jury doit décerner? Ce sera, nous n'en pouvons douter, aux auteurs de ces excellens produits qui, bien que récens encore, sont déjà célèbres sous le nom d'*aciers de la Bérardière* (près Saint-Étienne, département de la Loire). C'est là que le Jury a déjà vu avec plaisir ce qui résulte de la réunion amicale d'un capitaliste éclairé, tel qu'est M. Milleret, propriétaire des établissemens, et d'un savant distingué, tel qu'est M Beaunier, ingénieur en chef des Mines, qui a dirigé tous les travaux d'art.

Les établissemens de M. Milleret n'existent que depuis trois ans, et déjà ils livrent au commerce, pour des prix modérés, diverses espèces d'acier, dont il nous sera permis de rappeler sommairement les désignations, les usages et les prix, ainsi qu'il suit :

1°. *Acier naturel étoffé*, pour ressorts de voiture, à. . . . . . . . . . 160 fr. le quintal métrique.

2°. *Acier raffiné*, pour platines de fusil, fleurets, baïonnettes, petits ressorts et coutellerie fine, à. . . . . . 185

3°. *Étoffe* (de fer et acier) pour coutellerie, à. . . . . . . . . . . 180

4°. *Acier raffiné*, pour limes, outils et coutellerie commune, à. . . . : 150

5°. *Acier raffiné*, dit *à un éperon*, analogue aux aciers de Hongrie, pour grands outils, ciseaux, gouges, crochets de tourneur, à . . . . . . . .   180 fr. le quintal métrique.

Le même, plus *vif*, plus raffiné, dit *à deux éperons*, pour coutellerie fine:

En barres, à . . . . . . . . . .   200

En petites dimensions, à . . . .   210

6°. *Acier fondu*, soudable tant avec le fer qu'avec lui-même, lequel est livré au commerce, soit en lingots, soit étiré en petites barres, pour ciseaux, burins, coins de médaille, rasoirs et autres ouvrages d'un beau poli.   260 à 280

7°. *Acier raffiné à 1024 doubles*, acier nouveau, dit *à deux colonnes*, pour burins, poinçons à marquer les fers, limes et coutellerie fine . . . . .   400 à 410

8°. *Acier dur*, formé des aciers naturels les plus durs, pour le revêtement des batteries de fusil, à . . . . . . .   185

9°. Enfin, *rubans damassés*, pour canons de fusil. . . . . . . . . .

Des échantillons nombreux de tous ces produits sont réunis dans le local de l'exposition, sous le n°. 861.

Les établissemens de M. Milleret, qui occupent déjà plus de cent vingt ouvriers, sont montés aujourd'hui de manière à fabriquer annuellement 2400 quintaux métriques d'acier naturel raffiné, et 500 quintaux métriques d'acier fondu, soudable.

L'acier d'Angleterre, analogue à l'acier à deux éperons de la Bérardière (n°. 5°. ci-dessus), se vend, à Paris, 250 à 500 francs le quintal métrique; *la Bérardière* le fournit pour 200 à 210 francs.

En 1817, l'acier fondu, venant d'Angleterre, se vendait, en France, 450 francs le quintal métrique ; en 1819, *la Bérardière* fournit le quintal métrique de son acier fondu pour 260 à 280 francs (n°. 6°. ci-dessus); l'acier anglais est descendu à ce dernier prix.

Tels sont les faits sur lesquels est fondée l'opinion que nous venons de soumettre au Jury.

Avant de quitter cette matière, nous croyons utile de placer ici quelques réflexions qui peuvent achever de faire sentir l'importance de la fabrication des aciers français.

Il y a quelques années, on estimait que la fabrication de l'acier, en France, ne s'élevait pas beaucoup au-dessus de 11830 quintaux métriques d'acier de forge brut, et de 2230 quintaux métriques d'acier de cémentation brut; c'était un total de 14060 quintaux métriques d'acier, destiné aux martinets. (Voyez et comparez *Annales des Mines* de 1818, 4°. livraison, pages 592 et 599.)

Aujourd'hui, d'après ce que nous venons de voir, deux fabriques, à elles seules, l'aciérie de Toulouse et celle de la Bérardière, fournissent presque le tiers du total énoncé; ainsi, nul doute que ce genre d'industrie n'ait pris un très-grand essor en France. D'un autre côté, d'après les faits constatés pour les années 1816 et 1817, l'importation de l'acier étranger s'élevait en France, par année commune,

En acier forgé, battu, laminé, à. 6030 quintaux métriques,
En acier fondu, à. . . . . . . . . . 5278 ;

et l'exportation de ces deux matières était presque nulle.

Ainsi, tout porte à croire que, grâce à l'activité des fabriques françaises, l'importation de l'acier forgé n'aura plus lieu en France, et l'importation de l'acier fondu sera fort diminuée, jusqu'à ce qu'elle cesse totalement, ce qui doit bientôt arriver.

Remarquons ici que, sans la protection des droits dont le Gouvernement français a frappé les aciers étrangers, il n'eût pas été raisonnablement possible que nos fabricans risquassent leurs capitaux dans des entreprises de ce genre. Aujourd'hui, le succès incontestable de nos fabriques d'acier est un triomphe pour plusieurs branches de l'industrie française. Ainsi, quelquefois, des mesures qui d'abord paraissent onéreuses aux consommateurs deviennent bientôt pour eux-mêmes une source de prospérité, un motif de reconnaissance. Nous en voyons une nouvelle preuve dans l'active fabrication des faulx et dans celle des limes de tout genre.

*Faulx en 1819.* Les départemens de l'Isère, du Calvados, de l'Ariège, de la Haute-Garonne, du Doubs et de la Haute-Saône, ont envoyé des faulx, qui sont exposées sous les nᵒˢ. 871 à 876. Si la France éprouvait quelque regret de ne plus compter au nombre de ses départemens, comme en 1806, celui de la Sésia qui fournissait, lui seul, trente mille douzaines d'excellentes faulx, en partie destinées à l'ancien territoire français, ce serait un précieux dédommagement pour elle, que de voir l'héritage d'un grand débouché tourner au profit de ses propres manufactures.

En général, quoique la fabrication des faulx soit encore récente en France, les produits exposés ont tous été reconnus de bonne qualité et d'une belle exécution. Ces lames obéissent convenablement au marteau qui les bat pour les affiler; leur tranchant s'amincit alors et s'étend, mais ne se gerce point. On estime particuliérement dans le commerce les faulx de MM. Garrigou, Sans et Compagnie (n°. 874); nous avons déjà vu ci-dessus, que leur manufacture a pris un développement considérable.

Les faulx de M. Irroy, de la Haute - Saône (n°. 876), méritent aussi d'être distinguées par le Jury. Ce fabricant présente une faulx à lame de rechange: c'est une imitation du procédé qui est connu en Angleterre; mais là, on fabrique des lames qui sont échangées plus facilement par le moyen d'une rainure pratiquée sur le dos de la pièce; la lame de M. Irroy est seulement clouée sur le dos de la faulx. Il paraît que cette lame, ainsi que certaines lames de scies, est fabriquée par un procédé qui consiste à se servir de tôle laminée, cémentée et battue avant la trempe, ce qui facilite le bas prix.

Les faulx de M. Ruffié, de l'Ariège (n°. 873), méritent une distinction; les faulx de M. Biron, de l'Isère (n°. 871) et celles de M. Delanos, du Calvados (n°. 872), nous paraissent devoir être mentionnées honorablement.

Tous les autres produits en ce genre, quoique fort estimables, ont paru, d'après les essais qui ont eu lieu sur les échantillons exposés, ne pouvoir être rangés qu'après ceux dont il vient d'être rendu compte.

Pour achever de faire sentir de quelle importance la fabrication des faulx est en France, il ne sera peut-être pas inutile de consigner ici les faits suivans: d'après les années 1816 et 1817, l'importation des faulx étrangères s'élevait, par année commune, à environ 300000 kilogrammes ou 1200000 pièces d'une demi - livre, poids moyen.

Dans ces dernières années, on estimait qu'il ne se fabriquait encore en France, qu'environ 72000 faulx et faucilles. (Voyez *Annales des Mines*, 1818, 4ᵉ. livraison, page 598). Aujourd'hui, comme nous l'avons déjà rapporté, la fabrique seule de M. Garrigou, à Toulouse, fabrique 50000 faulx par année. (*Annales des Mines*, 1819.)

Ainsi, d'une part, on voit quel accroissement cette branche d'industrie prend en France, et de l'autre, on peut espérer que bientôt, suffisant à la consommation intérieure, les fabriques françaises nous auront totalement affranchis de l'importation des faulx étrangères.

Limes et râpes en 1819. La fabrication des limes n'est pas moins active : dix envois de limes et râpes font partie de l'exposition de 1819; ils sont présentés par les départemens de l'Isère, de la Haute-Saône, de l'Aude, du Loiret, de l'Ariège, de la Haute-Garonne, de la Côte-d'Or, d'Indre et Loire, de la Loire, de la Marne et de la Seine. On se rappelle qu'en 1806 l'exposition n'offrait que sept envois de ce genre ; encore, l'un d'eux provenait-il du pays de Liége, un autre du pays de Sarrebruck, aujourd'hui pays étrangers, et un troisième de l'École des Arts et Métiers de Compiègne, établissement public, qui est aujourd'hui transféré à Châlons-sur-Marne.

D'après les essais multipliés qui ont été faits avec soin, sur les limes et râpes exposées en 1819, on peut regarder comme étant de très-bonne qualité, dans l'ordre suivant, les limes qui sont exposées, savoir :

Sous le n°. 879, par MM. Montmouceau et Dequenne, à Orléans (département du Loiret);

Sous le n°. 881, par MM. Garrigou, Sans et Compagnie, à Toulouse (Haute-Garonne);

Sous le n°. 1571, par l'École royale des Arts et Métiers, à Châlons sur Marne;

Sous le n°. 883, par M. Saint-Bris, à Amboise (Indre et Loire).

Cette dernière manufacture, qui reçut une médaille d'argent en 1806, n'occupait alors que vingt ouvriers, et ne fabriquait annuellement que pour 40000 francs de limes; aujourd'hui, à ce qu'on nous assure, elle occupe deux cents ouvriers et répand dans le commerce, par année, 50000 douzaines de *limes fines*, 100000 paquets de *limes en paille*, et 6000 *carreaux*, de 3 à 5 kilogrammes; elle approvisionne les arsenaux de la marine et de la guerre; ses limes se distinguent par une belle taille. Ce qui achevera de recommander la manufacture d'Amboise aux yeux du Jury, c'est qu'elle a le mérite d'avoir créé en France, il y a vingt-cinq ans, l'industrie de la fabrication des limes.

Les produits des fabriques d'Orléans et de Toulouse jouissent aussi d'une excellente réputation dans le commerce; une circonstance particulière intéressera le Jury en faveur de celle d'Orléans, c'est que les propriétaires de cet établissement y travaillent eux-mêmes de leurs mains, et sont leurs premiers ouvriers. Nous avons fait mention ailleurs de la belle manufacture de M. Garrigou, située à Toulouse. Enfin, nommer l'École royale de Châlons-sur-Marne, c'est rappeler au Jury tous les genres de mérite.

Après les produits dont il vient d'être rendu compte, on distingue, comme étant de bonne qualité, les limes en paille de M. Irroy, de la Haute-Saône (n°. 876); les limes de M. Ruffié, de l'Ariège (n°. 880); celles de M. Musseau, Faubourg Saint-Antoine, à Paris (n°. 877); celles de M. Rivals-Gincla, de l'Aude (n°. 878); celles de M. Rochet, de la Côte-d'Or (n°. 882); celles de M. Robin Peyret, de la Loire (n°. 884), parmi lesquelles il s'en trouve qui sont d'acier fondu.

Nous remarquerons encore qu'un fabricant de Paris a exposé des limes en fonte de fer : ces limes font un assez bon service; elles ne se déforment pas à la trempe; elles se laissent un peu forger, comme la fonte de M. Baradelle; mais elles ne se soudent pas; une fois que la lime est usée, la matière n'a presque plus aucune valeur pour l'ouvrier qui la possède; on pourrait cependant la retailler. Ce premier essai nous paraît mériter qu'il en soit fait mention.

Le Jury vient de voir combien la fabrication des limes a fait de progrès en France.

On estimait, il y a quelques années, que le produit annuel de cette fabrication ne s'élevait encore, en France, qu'à 11000 pièces de limes et râpes. (*Annales des Mines*, 1818, 4ᵉ. livraison, page 599.)

D'après les années 1816 et 1817, l'importation des limes et râpes empaillées, de 1 à 6 au paquet, s'élevait, par année commune, à 2153 quintaux métriques, et l'importation des limes fines s'élevait, aussi par année commune, à 489 quintaux métriques; ainsi, l'importation totale de ces objets était annuellement, en France, d'environ

2642 quintaux métriques, tandis que l'exportation des limes de toute espèce n'excédait pas 710 quintaux métriques.

Aujourd'hui, nous venons de voir qu'une seule fabrique, celle d'Amboise, fournit beaucoup plus de limes que n'en fournissait toute la France, il y a quelques années; aujourd'hui, nous pouvons regarder cette nouvelle branche d'industrie comme naturalisée en France, et comme devant nous mettre à l'abri de l'importation étrangère.

La fabrication des scies a fait d'heureux progrès en France; on en voit la preuve, à l'exposition de 1819 (sous les nᵒˢ. 876, 925 et 926), dans les envois des départemens de la Haute-Saône, de la Loire et du Bas-Rhin. Parmi ces produits, il convient de remarquer des scies d'acier fondu, qui sont fabriquées dans le département de la Loire. On admire sur-tout les belles scies que MM. Coulaux fabriquent dans le département du Bas-Rhin; ces excellens outils sont faits au laminoir, et battus ensuite, ce que MM. Coulaux nomment *tremper*. Ces habiles fabricans ont le mérite d'avoir transporté en France une branche importante de l'industrie allemande, et d'y pouvoir soutenir la comparaison avec l'industrie anglaise.

La fabrication des tôles et fers noirs est en grande activité dans plusieurs établissemens français; les produits des départemens de l'Aude, des Ardennes, de l'Isère, de la Nièvre, du Cher, du Doubs, de la Côte-d'Or, sont exposés sous les nᵒˢ 846, 850 et 885 à 889. Dans plusieurs des établissemens de ce genre, l'usage du laminoir a été introduit, depuis peu, avec le plus grand succès, par exemple : à Audincourt, département du Doubs ; à Villemoustauson, département de l'Aude ; à Boutancourt, département des Ardennes ; à Pont Saint-Ours, et sur-tout à Imphy, département de la Nièvre.

Ce bel établissement d'Imphy, qu'on peut appeler le *Dilling* de la France, a fourni, pour la Marine et pour la Guerre, des tôles laminées qui avaient 5 pieds de long, 3 pieds de large, $\frac{1}{4}$ de pouce d'épaisseur, et dont le poids était d'un quintal métrique.

La fabrication des tôles noires, à Imphy, s'élève annuellement à 1000 quintaux métriques ; outre cela, on y convertit en feuilles légères, et propres à l'étamage, environ 1500 quintaux métriques de fer, par année, ce qui produit à-peu-près 4000 caisses de fer-blanc, de coupe française. Les tôles noires de MM. de Blumenstein et Frère-Jean, de l'Isère (n°. 885), et celles de M. Fouque, de la Nièvre (n°. 887), nous paraissent aussi mériter d'être distinguées par le Jury. Plusieurs autres produits du même genre sont dignes d'être mentionnés honorablement, ainsi que nous le proposerons à la fin de ce rapport. C'est encore une nouvelle conquête de l'industrie française, que la fabrication dont nous venons d'entretenir le Jury.

On estimait, il y a cinq ans, que la France ne fournissait pas le tiers de la quantité de tôle qui lui est nécessaire. En 1816, l'importation de la tôle et du fer platiné n'était plus, en France, que d'environ 5000 quintaux métriques ; en 1817, elle se réduisit à 868 quintaux métriques ; en 1818, on a reconnu que la fabrication française excédait 45000 quintaux métriques de tôle et fer platiné. Aujourd'hui, tout porte à croire que la France fabrique assez de tôle pour sa consommation, et ses produits en ce genre sont aussi recommandables par leur bonne qualité que par leur belle exécution.

L'influence de la bonne fabrication de la tôle sur la bonne fabrication du fer-blanc est attestée par les produits de ce second genre d'industrie. Ces produits, exposés sous les nᵒˢ. 835, 886 à 892 et 894, sont envoyés par les départemens de l'Oise, de la Nièvre, du Doubs, des Ardennes, de la Haute-Saône, de l'Aisne et des Vosges.

Les nombreux échantillons de fer-blanc, que réunit l'exposition de 1819, ont été soumis à des examens comparatifs, sous le rapport du *brillant*; et à des essais, difficiles à soutenir, sous le rapport de la *ductilité*. Pour constater cette seconde qualité, on a fabriqué, avec les fers-blancs qui avaient préalablement été reconnus les meilleurs, des *calottes* hémisphériques dites *pièces embouties*; et des *gorges*, en forme de pavillon de trompette. Dans tous ces essais, les produits de M. Mertian, de l'Oise (nᵒ. 835), et ceux de MM. Boigues, Débladis et Guérin, à Imphy (Nièvre), ont le mieux résisté; car ils ont constamment reçu la forme désirée, sans se gercer, ni se fendre. Le fer-blanc de MM. Sagliot, Human et Compagnie, du Doubs, s'est aussi montré de très-bonne qualité; tous les autres produits, quoique en général reconnus bons et d'un brillant comparable à celui du fer-blanc d'Angleterre, se sont, pour ainsi dire eux-mêmes, avoués inférieurs aux précédens; ils méritent cependant d'être mentionnés honorablement, comme provenans de fabriques déjà distinguées, qui soutiennent leur réputation. Nous devons encore faire observer que la manufacture de M. Mertian n'est en activité que depuis quelques mois, et que ce fabricant a tiré de l'Angleterre ses ouvriers, ainsi que ses procédés qu'il exécute par le moyen du laminoir. Nous avons déjà vu que, dans le département de la Nièvre, à Imphy, la fabrication du fer-blanc s'élève à 4000 caisses par année ; ces produits, fabriqués avec les fers du Berry, et parfaitement étamés, égalent et surpassent peut-être les fers-blancs anglais, par leur ductilité, par leur brillant, par leurs dimensions. Remarquons encore, avant de terminer cet article, que la fabrication du fer-blanc a reçu, en France, une nouvelle impulsion par la découverte et le perfectionnement du *moiré métallique*.

En général, nos diverses manufactures de fer-blanc jouissent de la confiance du commerce. On estime que la fabrication s'en élève annuellement, en France, à plus de 15600 caisses, chacune de 500 feuilles, dont le poids moyen est de 55 kilogrammes par caisse.

D'après les années 1816 et 1817, l'importation du fer-blanc était, par année commune, d'environ 4300 quintaux métriques, et l'exportation s'élevait à-peu-près à moitié de cette quantité. Il paraît que, dès à présent, la France doit suffire, au moins, à sa propre consommation en fer-blanc, et que bientôt elle pourra soutenir la concurrence avec les produits de l'Angleterre, en ce genre de commerce comme en plusieurs autres.

Tréfileries en 1819.

La fabrication des fils de fer est depuis longtemps renommée en France. L'exposition de 1819 en réunit les produits actuels, sous les n<sup>os</sup>. 895 à 898 et 931; ils sont envoyés par les départemens de l'Orne, des Vosges, du Doubs, du Haut et du Bas-Rhin. Des fils d'acier, provenans des départemens de la Seine, de l'Orne et des Vosges, sont exposés sous les n<sup>os</sup> 853, 895 et 896.

Parmi ces produits, les fils de fer et d'acier, que présente M. Mouchel, de l'Aigle, département de l'Orne (sous le n°. 895), ainsi que les fils de fer de MM. Migeon et Dominé, du Haut-Rhin (n°. 898), ont paru l'emporter sur tous les autres, par leur bonne qualité, par leur belle exécution. Viennent ensuite, d'après les échantillons essayés, les fils de fer et d'acier de M. Fallatieu, des Vosges (n°. 896); tous les autres produits des tréfileries françaises, quoique s'étant montrés inférieurs aux précédens, mais seulement dans les essais opérés sur des échantillons, méritent encore d'être mentionnés honorablement. En général, nos fils de fer soutiennent leur réputation, et nos fils d'acier français se perfectionnent.

La fabrication du fil de fer de toute espèce s'élève annuellement, en France, à environ 20500 quintaux métriques. D'après les années 1816 et 1817, l'importation du fil de fer ne s'élève, par année commune, qu'à environ 45 quintaux métriques, et l'exportation paraît s'élever à 1585 quintaux métriques de ce produit estimé.

Un nouveau genre de fabrication vient d'être essayé, dans les départemens de la Haute-Saône et de l'Orne; on en voit les produits sous les n<sup>os</sup>. 876 et 895 : ce sont des aiguilles à coudre et à tricoter, faites avec du fil de fer cémenté. On sait que le fil de fer, ainsi traité, ne prend pas un très-beau poli, et que l'aiguille qui en

provient ne traverse les tissus que difficilement;
cependant, cette entreprise nouvelle mérite
d'être encouragée; les produits obtenus permettent d'en espérer le succès. Un autre fabricant, M. Moulin Dufresne, de Vire (Calvados),
a exposé des aiguilles à voile et d'emballage,
qui sont bien exécutées, en acier forgé (n°. 911).

Malgré les estimables efforts dont il vient
d'être fait mention, le vaste débouché que la
France offrait, en 1806, aux célèbres fabriques
d'Aix-la-Chapelle, reste encore ouvert en 1819;
puisse l'industrie française parvenir à s'en em-
parer! Puisse-t-elle, triomphant des obstacles
qu'oppose à ce vœu le prix de la main-d'œuvre,
ressusciter, en France, de célèbres manufactures qui, jadis, ont existé dans le sein même de
la capitale! La réputation de ces ateliers français
leur survit encore; mais elle ne profite qu'à des
manufactures étrangères, dont les meilleurs
produits se recommandent au commerce par la
dénomination d'*aiguilles de Paris;* espérons au
moins que les aiguilles de Paris seront un jour
fabriquées en France (1).

Épingles
en 1819.

La fabrication des épingles se soutient honorablement à l'Aigle, dans le département de
l'Orne; mais elle ne paraît rien offrir de nouveau.

Cardes, etc.,
en 1819.

Un grand nombre de plaques et rubans de
cardes sont exposés par les départemens de la
Seine, de l'Oise, de la Haute-Garonne, de l'Eure,

_______________________________

(1) Voyez la description, avec figures, de l'*Art de fabriquer les aiguilles,* par M. Baillet, inspecteur divisionnaire
au Corps royal des Mines, Mémoire imprimé dans les numéros 11 et 12 des *Annales des Arts et Manufactures,* par
M. O'Reilly.

du Nord et de Seine et Oise (n⁰ˢ. 1017, 1020,
1022 à 1027, 1035 et 1036). Le fil de fer qu'on
emploie dans cette importante fabrication est en
général de bonne qualité et très-artistement as-
semblé. On distingue les plaques et rubans de
cardes qui sont exposés par M. Calla, de Paris
(n⁰. 1036), et les cardes pour coton et laine, de
la fabrique de Liancourt, département de l'Oise
(n⁰. 1020). Les cardes et le chardon métallique
de M. Henraux, de Paris (n⁰. 1017), méritent
l'attention du Jury, ainsi que plusieurs autres de
ces produits qui ont pour objet de contribuer
aux précieux travaux de nos manufactures de
tissus.

Ce qui vient d'être dit s'applique également
aux peignes qui sont connus sous le nom de *rots,*
et employés pour la fabrication des étoffes; divers produits de ce genre sont exécutés en acier,
en cuivre, et autres métaux ou alliages métalliques; ils proviennent des départemens d'Indre
et Loire, du Calvados, de la Seine-Inférieure et
du Rhône (n⁰ˢ. 1021, 1024, 1028, 1030, 1031 et
1033). Ces objets sont en général bien fabriqués
et méritent d'être remarqués par le Jury.

On en peut dire autant des hameçons qui se
fabriquent dans les départemens d'Ille et Vil-
laine, des Hautes-Pyrénées et de la Seine; il en
est de même des alènes qui sont exposées par les
départemens de la Meurthe et des Bouches du
Rhône (n⁰ˢ. 915 et 916), ainsi que des toiles métalliques, qui proviennent des départemens de
la Seine et du Bas-Rhin (n⁰ˢ. 927 à 931).

Les toiles métalliques de M. Roswag, à Schelestadt et à Paris, se montrent toujours dignes de
la distinction que ce fabricant reçut en 1806;

celles de **M. Stammler**, de Strasbourg, méritent d'être distinguées par le Jury de 1819, ainsi que celles de **M. Gaillard** et de **M. Saint-Paul**, de Paris.

*Clouterie en 1819.* La clouterie présente un produit nouveau, qui provient du département du Jura (n°. 847); ce sont des clous fabriqués à froid avec de la tôle laminée. Le procédé, pour lequel M. Lemyre a pris un brevet d'invention en 1817, consiste, en général, à couper adroitement une plaque de tôle, par le moyen de la cisaille; puis à faire tourner, dans une caisse mobile, les morceaux obtenus, afin d'en aplanir les aspérités; ensuite, à échauffer ces morceaux dans un fourneau de réverbère, ce qui fait disparaître l'*aigreur* résultante de la cisaille; enfin, à fabriquer les têtes des clous, soit avec des marteaux, pour les petits, soit avec des balanciers, pour les gros. Cet essai paraît mériter d'être encouragé; mais les clous qui sont fabriqués à Authie, dans le département de la Somme, par les procédés ordinaires, et que l'on voit sous le n°. 912, nous paraissent préférables, par leur forme, par leur diversité et par leur prix modéré. Dans la série très-étendue de ces produits, on remarque deux limites satisfaisantes: des clous des plus petites dimensions, dont le millier pèse une livre, se vendent 1 franc 20 centimes le millier; des clous des plus grandes dimensions qui soient usitées dans cette fabrique, pèsent 8 livres et se vendent 4 francs 50 centimes le millier. M. Fontaine, auteur de ces produits, nous paraît mériter d'être distingué par le Jury.

*Quincaillerie en 1819.* De nombreux articles de quincaillerie sont présentés à l'exposition, par les départemens

des Ardennes, de l'Orne, du Doubs, du Haut
et du Bas-Rhin, du Loiret, de l'Aude, du Calvados, de l'Yonne, de la Seine, de Maine et
Loire, et de la Marne; on les voit sous les n<sup>os</sup>. 851,
899 à 911, 914, 920, 926, 1011 à 1015, 1019,
1570 et 1571. Ces deux derniers numéros sont
relatifs aux deux Écoles royales des Arts et Métiers, d'Angers et de Châlons-sur-Marne.

Les produits de l'Ecole de Châlons se distinguent par-tout; déjà les chefs et les élèves
ont reçu la plus flatteuse récompense de leurs
talens, dans ce jour mémorable où le Jury central entendit le Roi remarquer, avec satisfaction, que, des mêmes mains qui fabriquent des
étaux et des limes, pour les durs travaux de
Vulcain, il était sorti une *Psyché*, une élégante
*Jardinière* (1).

Digne de marcher sur les traces de l'Ecole de
Châlons, celle d'Angers expose des étaux, des
tenailles, des filières, des clefs universelles, des
marteaux à vitrier, diverses presses, et une *pe-
loteuse* avec engrenage, objets dont l'exécution
soignée atteste les progrès de cet établissement
(n°. 1570).

Tout ce que l'exposition de 1819 présente
d'articles de quincaillerie mérite des éloges et
confirme la réputation des fabriques françaises;
les premiers regards du public se portent sur
de brillans ouvrages en acier poli et bijouterie
d'acier, qui proviennent des départemens des
Ardennes, de l'Yonne et sur-tout de la Seine
(n<sup>os</sup>. 899, 921, 965, 966, 1214, 1550 et 1653).

Acier poli<br>en 1819.

---

(1) Ces *meubles*, du meilleur goût, ont été géné ral <sub>c</sub>met
admirés à l'exposition de 1819.

Le Jury spécial du département de la Seine fait remarquer, dans son Rapport sur les produits industriels de la capitale, que, par une habile main-d'œuvre, le kilogramme d'acier superfin, qui vaut 3 francs, est élevé, dans une parure d'acier poli, totalement terminée, jusqu'à une valeur mille fois plus grande (1). Une fabrique, depuis long-temps renommée, celle de M. Provent, à Paris, expose de semblables bijoux en acier, tels que poignées d'épée, boutons et parures (n°. 1214). La manufacture de M. Frichot, autre fabricant recommandable de la capitale, présente des assortimens de marqueterie d'acier, faite au découpoir, de broderies en acier poli, de fermoirs pour sacs et bourses, de chaînes, de glands, en un mot d'objets de la même matière, qui sont d'un fini précieux.

L'acier poli de Madame V°. Schey (n°. 1633), soutient et accroît encore la réputation de feu son mari qui fut honorablement distingué par le Jury de 1806, comme ayant établi une manufacture de ce genre à Paris, et fournissant de la bijouterie, ainsi que de la quincaillerie, en acier, d'une belle exécution et d'un très-beau poli.

M. Cordier, de Paris, habile polisseur d'acier, qui façonne et ploie à son gré la tôle d'acier fondu, est parvenu à tremper l'acier en feuilles minces, qui ne *gauchissent* nullement, et cela par un procédé de son invention.

---

(1) Voyez le Rapport du Jury d'admission du département de la Seine, etc. ; par M. Héricart de Thury, ingenieur en chef des Mines, etc., page 56. (Paris, 1819.)

Plusieurs autres fabricans distingués, dont les noms seront rappelés ci-après, ont exposé de beaux ouvrages en acier poli, tels que cuirasses, fourchettes, fermoirs de sac, parures et bijoux. On remarque aussi des dés à coudre en acier, qui sont doublés solidement en or ou en argent, par un procédé nouveau (n°. 921). (Voyez ci-après les décisions du Jury.)

Dans la serrurerie, on reconnaît toujours le mérite des actives fabriques qui existent à Escarbotin, dans le département de la Somme, et qui furent distinguées par le Jury de 1806, ainsi que nous l'avons déjà rappelé; celles de M. Olive et de M. Rivery-Le-Joille se font surtout remarquer par un assortiment nombreux de pièces de serrurerie, très-variées et bien exécutées.

De très-beaux ouvrages de ce genre sont exposés par les départemens de la Somme et de la Seine (n°. 1011 à 1015 et 1623). La dénomination *d'objets de haute serrurerie* indique (n°. 1015) les travaux de M. Georget, dont le public se plaît à remarquer l'atelier, dans la rue de Castiglione, à Paris; on admire sur-tout un coffre de fer ciselé, dont l'exécution est parfaite. Ce nom de *haute serrurerie* convient aussi à plusieurs des ouvrages de M. Huret, de Paris (n°. 1011); ils consistent en cadenas, en serrures à combinaisons et à garnitures mobiles, en cache-entrées, en portefeuilles à secret, en caisses ferrées, et en étuis de mathématiques; ces étuis sont enrichis d'un ingénieux compas dont M. Huret est l'inventeur, et par le moyen duquel on peut tracer promptement des volutes ou spirales, exactes et de toutes grandeurs.

Parmi les nombreux ouvrages de M. Regnier, ingénieur-mécanicien, dont le talent est depuis long-temps connu, on voit toujours avec un nouveau plaisir les serrures de sûreté, les cadenas à combinaisons et les dynamomètres, dont cet habile artiste est l'inventeur (n°. 1060). Un autre fabricant de Paris, M. River aîné, a présenté des serrures de son invention, qui sont exécutées avec la plus grande précision par des moyens mécaniques, serrures que recommandent encore leur forme circulaire, la simplicité de leur garniture et la modicité de leur prix.

L'exposition de 1819 offre aux regards du public deux chefs-d'œuvre de serrurerie. Ces deux grilles, qu'on admire dans les salles du Louvre, sont des ouvrages anciens, mais restaurés depuis peu. Elles prouvent, d'un côté, que la serrurerie est, depuis long-temps, parvenue en France au plus haut degré de perfection, et de l'autre, que si l'art qui semble s'être fait un jeu de vaincre le fer n'avait pas encore élevé de pareils trophées, il y réussirait aujourd'hui dans les ateliers français. De ces deux grilles, dit-on, l'une avait été fabriquée autrefois dans la Belgique, et l'autre en France; c'était, à ce qu'il paraît, le résultat d'un concours ou *défi*, entre les serruriers belges et les serruriers français. Les deux chefs-d'œuvre viennent d'être restaurés par d'habiles serruriers de Paris.

Coutellerie en 1819.

Quarante-trois envois de coutellerie, qui sont réunis dans l'exposition de 1819, attestent l'activité dont ce genre de fabrication jouit en France (n°⁵. 968 à 1010); ces produits sont présentés par les départemens de la Seine, des Bouches-du-Rhône, de la Vienne, du Puy-de Dôme, du Calvados, de la Marne, de la Manche, de Seine et Oise, de la Haute-Marne et du Cher.

Les seules fabriques de Thiers (Puy-de-Dôme), ont adressé neuf envois très-copieux ; ils font voir que, dans cette contrée industrieuse, l'art de la coutellerie ne cesse de mériter les éloges qu'il a reçus du Jury en 1806, particulièrement pour la bonne qualité des produits jointe à la modicité des prix et à la grande variété des objets.

Langres, Moulins, Châtellerault, Saint-Etienne, Marseille, Châlons-sur-Marne, Saint-Lô, Klingenthal, Bourges et Paris, recommandent aussi à l'attention du public de nombreux ouvrages de coutellerie, tant fine que commune.

Parmi ces ouvrages, on remarque ce qui suit : d'excellens instrumens de chirurgie, exécutés par MM. Sir-Henry, Grangeret et Sénéchal, à Paris; des ciseaux fabriqués au moyen du découpoir et du balancier, pour des prix modérés, par M. Pein, à Châlons-sur-Marne ; des rasoirs faits avec l'acier de la *Bérardière* (Loire) et trempés par un procédé nouveau, à l'aide d'un pyromètre métallique, par M. Gavet, à Paris, objets d'un prix modique et de très-bonne qualité (1); d'autres rasoirs de M. Gillet, autre coutelier renommé de la capitale ; des rasoirs à dos métallique, ou à lames de rechange, fabriqués chez Madame V<sup>e</sup>. Charles, à Paris; un ra-

----

(1) Ce pyromètre est fondé sur la dilatation d'une barre d'argent pur; c'est l'instrument que M. Brongniart, ingénieur en chef des Mines, a fait construire pour diriger la *cuite* des peintures sur porcelaine, à la Manufacture royale de Sèvres.

soir à six lames ajustées, de M. Frestel, à Saint-Lô; un couteau de chasse à quinze pièces, de M. Lemaire, à Châtellerault; enfin, beaucoup d'autres produits des célèbres fabriques de coutellerie qui sont déjà rappelées ci-dessus : mais il nous serait impossible d'établir un ordre de mérite relatif entre les nombreux ateliers des diverses parties de la France ; ils nous paraissent tous recommandables, soit par l'exécution, soit par la variété de leurs produits, soit par la modicité des prix pour lesquels tant d'objets utiles sont livrés au commerce.

*Outils divers et grosse quincaillerie en 1819.* Nous nous bornerons aussi à faire mention des objets de quincaillerie, tant grosse que menue, et des outils divers, qui sont fabriqués avec le plus grand succès, et livrés au commerce pour des prix très-modérés, par MM. Coulaux frères, manufacturiers à Molsheim, à Bærenthal, à Greswillers et à Klingenthal, dans le département du Bas-Rhin : ces produits remarquables sont exposés sous le n°. 903. (Voyez ci-après les décisions du Jury.)

Des outils et des objets de grosse quincaillerie à l'usage de toutes les professions, sont exposés (n°. 1019), par M. d'Herbecourt, de Paris, fabricant très-connu; tous ces ouvrages, qui joignent au mérite d'une grande utilité celui d'une belle exécution, ne sauraient manquer d'être distingués par le Jury. Ce double motif d'intérêt fait aussi remarquer un assortiment nombreux d'objets de quincaillerie que présente M. Deharme, habile mécanicien de la capitale; ces objets consistent principalement en fers à repasser, chandeliers en fer battu, balustres, grilles d'appui, outils à moulure pour façonner le cuivre, écrous à l'usage des constructeurs de machines, charnières, mascarons, rosaces, etc.

Plusieurs autres fabriques de quincaillerie, qui sont situées dans les départemens du Haut-Rhin, des Ardennes, du Doubs, de l'Orne, du Calvados, du Loiret et de l'Aude, ont présenté à l'exposition (nos. 900 à 911), un grand nombre d'objets divers de ce genre, tels que poignées d'espagnolette, pincettes et pelles à feu, boucles de sellerie, tourne-broches, chandeliers de fer, étrilles, étaux, vrilles, poêles à frire, etc., etc.

Parmi tous ces estimables produits de l'industrie française, on remarque sur-tout ceux qui proviennent de la grande manufacture que MM. Jappy frères ont établie, en 1806, à Beaucourt, dans le département du Haut-Rhin. Ces ouvrages consistent en assortimens de vis à bois, de gonds, de pitons, de boulons à écrous, enfin de toutes sortes d'objets de quincaillerie, qui sont exécutés avec autant de précision que de célérité, par des moyens mécaniques; le secours des machines n'empêche pas MM. Jappy d'employer, dans leur manufacture de quincaillerie, les bras d'environ 900 ouvriers, la plupart enfans ou du sexe féminin; les mêmes fabricans sont à la tête d'une belle manufacture d'horlogerie par mécanique, qui prospère dans le même lieu.

La fabrication des armes blanches soutient sa haute réputation à Klingenthal (Bas-Rhin); on en voit les produits sous le n°. 1045. L'une des fabriques de Saint-Etienne (Loire), a exposé, sous le n°. 1046, des lames de fleuret qui sont dignes de figurer à côté des produits de Klingenthal. Le département des Bouches-du-Rhône a

Armes
blanches
en 1819.

euvoyé, sous le n°. 980, des armes blanches en damas, qui offrent une nouvelle preuve des progrès que la France a faits dans ce genre de fabrication.

Armes à feu en 1819.

Sept envois d'armes à feu sont présentés par les départemens de la Seine, de la Corrèze, du Jura, de la Loire (n°. 1038 à 1044). Plusieurs de ces beaux ouvrages appelleront sans doute l'attention particulière du Jury.

La manufacture royale de Tulle (Corrèze), présente un fusil de munition et des platines, tant de mousqueton que de fusil, ouvrages dignes de cet établissement.

Trois arquebusiers de Paris exposent des armes de chasse dont la réputation atteste le mérite. Ce sont : des fusils à quatre coups et à deux coups, garnis en platine, et des fusils à percussion, de M. Lepage ; d'autres fusils et des amorçoirs, de M. Prélat, qui présente aussi des fusils à percussion, nommés *fusils à foudre ;* d'autres fusils et pistolets à percussion, nommés *fusils à la Pauly,* de M. Roux.

Deux arquebusiers de Saint-Etienne (Loire), M. Cessier et M. Delamotte, présentent, le premier, des fusils et pistolets avec leurs nécessaires ; le second, un fusil : ces objets accroissent encore l'estime dont jouissent les fabriques d'armes de Saint-Etienne.

Houille, etc. en 1819.

On ne saurait achever de passer en revue les produits de l'industrie métallurgique, sans se rappeler quel secours elle tire de l'exploitation de nos mines de houille et de lignite ; l'extraction de ces combustibles s'élève encore annuellement à plus de neuf millions de quintaux métriques, dans les mines de la France.

D'après les années 1816 et 1817, les mines étrangères fournissent en outre, à ce royaume, environ 2 millions 800000 quintaux métriques de houille, par année commune, et la France n'exporte annuellement qu'environ 253000 quintaux métriques du même combustible.

A la vérité, on remarque avec satisfaction que, depuis trente ans, l'importation de la houille étrangère est restée chez nous à-peu-près telle qu'elle y était auparavant, tandis que l'extraction de la houille indigène a pris un accroissement très-considérable; mais, d'un autre côté, il est en France un grand nombre de mines de houille, qui, pour déployer leurs abondantes ressources, attendent encore que des moyens de communication, plus faciles et moins dispendieux, leur permettent de répandre le combustible, avec une sorte de profusion, dans toutes les contrées où s'exerce l'industrie française.

Les progrès qu'a déjà faits l'exploitation de la houille nous conduisent à rappeler l'accroissement considérable que prend, pour ainsi dire de jour en jour, la fabrication de deux substances qui proviennent souvent des mêmes travaux souterrains que les combustibles minéraux; ces deux substances, dont le secours est précieux pour plusieurs arts, sont: le sulfate de fer ou vitriol, et l'alun ou sulfate alcalin d'alumine.

*Autres produits minéraux.*

L'exposition de 1819 réunit, à cet égard, des produits remarquables; on y voit de très-beaux échantillons de sulfate de fer, envoyés par diverses manufactures, qui sont en activité dans les départemens de l'Aisne, de l'Oise, de la Seine, du Calvados, de la Seine-Inférieure, de

*Sulfate de fer en 1819.*

l'Hérault et des Bouches-du-Rhône (n°ˢ. 1363 et 1368 à 1373 et 1389 à 1392 ).



Plusieurs de ces mêmes établissemens ont exposé de l'alun, qui est fabriqué dans les départemens de l'Ariège, des Bouches-du-Rhône, de l'Aisne et de la Seine (n°ˢ. 1361 à 1363, 1370 et 1392).

Parmi de nombreux produits chimiques, dont la préparation ne laisse rien à désirer, on remarque sur-tout l'alun que livre abondamment au commerce la fabrique de Termes, près Paris ; ce grand laboratoire de chimie appliquée aux arts, est recommandé à l'estime du public par les noms de MM. Chaptal fils, d'Arcet et Holker (n°. 1392). La fabrique de M. Bérard, à Montpellier, présente aussi de l'alun et d'autres produits chimiques, objets qui soutiennent et accroissent la réputation de cet habile manufacturier (n°. 1370). Une autre fabrique estimable, celle de M. Delpech, située au Mas-d'Azil, dans le département de l'Ariège, expose de l'alun, qui, d'après des essais comparatifs, contient moins de fer oxidé que l'alun de Rome (n°. 1362). Par l'absence de cette matière colorante qui nuit à certaines teintures, les produits des fabriques d'alun de la France peuvent désormais, ainsi que tous les aluns purifiés avec soin par la cristallisation, contester à l'alun de Rome une préférence dont ce produit étranger jouit cependant encore dans un grand nombre d'ateliers français ; tel est le résultat général des recherches que plusieurs savans chimistes ont exécutées et publiées sur cette matière.

Dans ce grand nombre d'objets importans que

réunit l'exposition de 1819, il en est encore quelques autres qui appartiennent au règne minéral ; qu'il nous soit permis d'en faire mention.

Un coup d'œil encourageant ne sera pas refusé aux ouvrages en jayet ou *jay*, qui proviennent des départemens de l'Ariège et de l'Aude (n°. 1337, 1340 et 1341). Plusieurs habitans de ces contrées sont depuis long-temps en possession d'exercer, sur le combustible qui est connu sous le nom de *lignite* (ou *jayet*), une industrie soigneuse, qui façonne ce minéral, de peu de valeur, en une sorte de bijouterie.

*Lignite ou jayet en 1819.*

Quelques fabriques des départemens de la Seine et des Hautes - Alpes présentent des crayons, les uns artificiels et les autres naturels (n°. 1410 à 1242) ; ces crayons estimés sont encore un bienfait du règne minéral ; nous lui devons aussi la plupart des brillantes couleurs que présentent les nombreuses manufactures de ce genre, qui sont en activité dans le département de la Seine (n°. 1396 à 1409).

*Crayons et Couleurs en 1819.*

C'est également le règne minéral qui fournit à plusieurs arts d'autres matières encore, dont la valeur est augmentée, quelquefois même créée, dans les célèbres ateliers de Paris : ces pierres précieuses, que l'on y *taille* avec une exactitude géométrique, et que l'on y *monte* avec un goût exquis ; ces gemmes factices ou *strass*, dont le vif éclat semble rivaliser avec celui des gemmes naturelles ; ces albâtres, que la sculpture applique à différens usages, en leur donnant des formes élégantes ; ces porphyres, ces granites et autres roches dures, que l'art du marbrier façonne, comme les roches tendres, en tables, en ornemens, en vases qui rappellent les

*Gemmes et Strass en 1819.*

*Roches et Mosaïques en 1819.*

beautés antiques du même genre ; ces matières *plastiques*, au moyen desquelles on restaure des objets précieux du règne minéral, ou bien l'on imite même les empreintes les plus délicates des pierres gravées ; enfin, ces petits fragmens de pierres ou d'émaux colorés, avec lesquels un art émule de la peinture compose des *mosaïques*, dignes de figurer à côté des chefs-d'œuvre de la Grèce et de l'Italie.

**Marbres en 1819.** Des échantillons variés de marbres indigènes sont envoyés par les départemens du Rhône, du Jura, du Pas-de-Calais, de la Haute-Garonne, de l'Aude, de l'Ariège, du Lot et des Hautes-Pyrénées; quelques-uns de ces marbres, quoique nouvellement découverts, sont déjà estimés dans le commerce; il en est même qui paraissent dignes d'être employés par les statuaires (1).

**Pierres diverses en 1819.** Des pierres propres à la lithographie proviennent du département du Jura, et l'on sait que dans plusieurs autres départemens il existe de ces mêmes pierres, dont on avait d'abord pensé que la France était dépourvue.

Diverses roches sont exposées par les départemens du Pas-de-Calais et des Hautes-Alpes, comme de nouveaux produits des nombreuses carrières que possède la France ( nos. 1526 et 1594 ).

**Terres diverses en 1819.** Quant à l'exploitation des terres employées dans les arts, quoi de plus capable d'attester l'heureuse activité dont cette branche d'industrie jouit en France, que la réunion d'un si

---

(1) Voyez un Rapport de M. Héricart de Thury, ingénieur en chef des Mines, sur les marbres de France, page 292 et suivantes de son ouvrage déjà cité plus haut.

grand nombre de beaux ouvrages, qui sont exposés par les manufactures de poterie et de porcelaine, de verrerie et de cristallerie! (nos. 1228
à 1288 et 1179 à 1211.)

Qu'on nous pardonne cette digression; elle
trouvera peut-être son excuse dans la nature
d'un sujet dont les accessoires même entraînent
facilement les amis des arts métallurgiques.

Sans rappeler désormais aucun autre produit
de l'industrie française, que ceux dont la matière
est un métal, nous pourrions encore essayer de
rendre hommage aux progrès de plusieurs ateliers célèbres, si les ouvrages qu'ils ont présentés
à l'exposition ne s'y trouvaient classés par rapport aux grands effets qui résultent de l'emploi
de ces produits, abstraction faite des substances
dont ils sont composés.

En voyant, par exemple, les chefs-d'œuvre
typographiques de MM. Didot et autres impri-
meurs français, le métallurgiste se plaît à remarquer avec quelle habileté l'alliage du plomb
et de l'antimoine est employé dans leurs fonderies de caractères, avec quelle précision, dans
ces moules métalliques dont ils sont les inven-
teurs, on forme d'un seul jet un grand nombre
de lettres parfaitement correctes. Les perfectionnemens que M. Herhan ne cesse d'apporter
dans ses procédés de *stéréotypage* sont dus en
partie à de beaux ouvrages en cuivre et en autres
métaux, que l'habile imprimeur emploie pour
cet objet (1). Quel rôle ne jouent pas les métaux
dans ces promptes imitations de l'écriture et du

*Divers em-
plois des mé-
taux
en 1819.*

*Typogra-
phie, etc.*

_________________________

(1) Ces ouvrages sont: des *matrices* en cuivre, frappées à
froid; des caractères mobiles, frappés en creux, etc.

dessin, qui sont produites par le *clichage* et par le *polytypage*! C'est à de belles planches de cuivre que sont confiés, comme à de fidèles dépositaires, les trésors de la *calcographie*. Quelquefois le cuivre, mais plus souvent l'étain, fournit à la gravure les moyens de perpétuer les prodiges de la musique; ce même art, dans plusieurs de ses instrumens, obtient, par les métaux, les sons les plus enchanteurs.

**Horlogerie.** Dans l'horlogerie, c'est au moyen du laiton, de l'acier et des gemmes, que la marche du temps est mesurée par des chefs-d'œuvre français, tant d'horlogerie fine à l'usage civil, que d'horlogerie astronomique. Les métaux, employés avec le secours des machines, ont fait naître, dans les départemens du Doubs, du Haut-Rhin et de la Seine-Inférieure, ces actives fabriques d'où il sort, en abondance, des mouvemens de montres et de pendules, offerts au commerce pour des prix modiques (1). Par les plus heureux progrès dans l'art d'économiser le temps, on est parvenu à prodiguer ainsi les moyens d'en bien régler l'emploi, et la métallurgie n'applaudit pas moins à de tels résultats dont elle prépare les élémens indispensables, que l'horlogerie elle-

---

(1) Dans le département du Haut-Rhin, à Beaucourt, chez MM. Jappy, un mouvement brut, dit *ébauche* de montre, coûte de 1 fr. 40 c. à 2 fr., d'après le prix de la vente par douzaine; dans le département du Doubs, à Seloncourt, chez MM. Beurnier, un mouvement brut, d'après le même mode de vente, coûte de 1 fr. 65 c. à 1 fr. 71 c. Le premier de ces établissemens en fabrique, par mois, environ 1500 douzaines, dont les neuf dixièmes sont vendus hors de France; et le second fournit, par mois, environ 340 douzaines, dont les dix-neuf vingtièmes passent aussi à l'étranger. (Voyez le *Rapport du Jury central*, etc., rédigé par M. Costaz, page 255 et suivantes. Paris, de l'Imprimerie royale, 1819.)

même qui applique les métaux à de si nobles usages.

La même réflexion pourrait s'étendre à beau- *Instrumens et Machines, etc.* coup d'autres produits que réunit l'exposition de 1819. Rappelons-nous les plus remarquables: ces instrumens de mathématiques, d'optique et de physique, dont la fabrication a pris un essor proportionné à celui des hautes sciences; ces puissans moteurs, tels qu'une machine à vapeur qu'on peut subitement transporter, et plusieurs machines hydrauliques, dites *presses* et *beliers*, objets dont les utiles applications se multiplient dans les arts; ces pompes diversement construites, soit pour élever l'eau, soit pour maîtriser l'incendie; ces mécanismes variés parmi lesquels on distingue d'ingénieux *encliquetages*, et une machine propre à canneler ainsi qu'à raboter le fer; ces instrumens aratoires dont l'exécution soignée promet de nouveaux succès à l'agriculture; ces appareils d'éclairage, de chauffage et de distillation, qui satisfont à divers besoins de la société, dans les ports et les phares, dans les villes, dans les ateliers, dans les foyers domestiques; ces métiers, ces machines, qui accélèrent le travail, et même en assurent la perfection; par exemple, cette active *tondeuse* qui remplace les autres moyens de tondre le drap, dans plusieurs manufactures célèbres. En admirant tous ces produits, dans les salles du Louvre, le métallurgiste reconnaît, presque à chaque pas, des métaux habilement employés; et de quel art ne parlerait-on pas, au sujet des métaux! Mais nous sortirions des bornes qui nous sont prescrites, si nous suivions, dans leurs heureux développemens, toutes les branches de l'industrie française, et nous devons nous hâter de terminer un Rapport dont l'objet nous a peut-être déjà entraînés trop loin.

Orfévrerie, etc., Platine, etc. Ce ne serait cependant pas sans regret, que dans l'énumération des travaux métallurgiques, nous passerions entièrement sous silence les ouvrages en platine, en orfévrerie, en argenterie et en plaqué d'or ou d'argent, ou de platine, qui sont présentés à l'exposition par le département de la Seine (n°s. 948 à 956, 1218 à 1221, 1225 à 1227). Les justes éloges que le Jury spécial de Paris a donnés, dans son Rapport, à ces produits des fabriques les plus renommées de la capitale, ne peuvent manquer de les recommander à l'attention du Jury central de l'industrie française. (Voyez ci-après les décisions.)

En jouissant du grand spectacle de cette industrie dont nous venons de présenter le tableau, ou plutôt une faible esquisse, le Français devient encore plus fier de ce titre; plus il a été à portée d'observer les pays étrangers, plus il admire et chérit la France.

### Examen de la troisième question posée ci-dessus.

Comme résumé de ce qui précède, et pour satisfaire à notre troisième question, nous avons soumis au Jury central une série de propositions motivées, concernant les fabricans qui nous ont paru mériter des distinctions par les divers produits dont il a été rendu compte dans le cours de ce rapport.

*Nota.* Au lieu des propositions soumises au Jury, on va lire, suivant l'ordre établi par ce Rapport spécial, une liste indicative des distinctions accordées par le Roi, relativement aux Arts Métallurgiques, d'après le Rapport du Jury central, sur les Produits de l'industrie française.

*LISTE indicative des distinctions accordées par le Roi, relativement aux Arts Métallurgiques, par suite de l'exposition des produits de l'industrie française, de l'année 1819.*

Le Jury central de l'exposition des produits de l'industrie française, en l'année 1819, a décerné, pour les objets suivans, aux personnes ci-après nommées, les distinctions que voici ;

### Relativement au PLOMB :

Plomb.

A M. Boucher, de Paris, rue Béthizy, n°. 1 ,
*Médaille de bronze*, pour ouvrages en plomb laminé ;

A MM. Pavalier, à Marseille ,
*Mention honorable*, pour tuyaux de plomb laminé sans soudure ;

A M. Verhelst, à Lille (Nord) ,
*Idem*, Idem.

A M. Yver, à Caen (Calvados) ,
*Mention honorable*, pour balles et plomb de chasse ;

A M. Pécard, à Tours (Indre et Loire) ,
*Idem*, pour plomb de chasse ;
*Médaille de bronze*, pour minium ;

A M. Roard, à Clichy, et à Paris, rue Montmartre, n°. 60 ,
*Médaille d'or*, pour céruse, minium et mine orange.

Cuivre.

## *Relativement au CUIVRE :*

**A la Fabrique de Romilly (Eure),**

*Médaille d'or,* pour clous de cuivre et feuilles à doublage (Voyez *TRÉFILERIES*) ;

**A M. Boucher fils, de Rouen,**

*Mention honorable,* pour cuivre laminé, propre au service de la marine et à la chaudronnerie (Voyez *LAITON et TRÉFILERIES*) ;

**A MM. Boigues, Débladis et Guérin, d'Imphy (Nièvre),**

*Idem,* pour feuilles de cuivre propres au doublage (Voyez *TÔLES, FERS-NOIRS et FER-BLANC*) ;

**A MM. Mazarin père et fils, de Toulouse,**

*Idem,* pour planches de cuivre.

---

Laiton.

## *Relativement au LAITON :*

**A M. Boucher fils, de Rouen,**

*Médaille d'or,* pour laiton fabriqué avec la blende ou le zinc sulfuré (Voyez *CUIVRE et TRÉFILERIES*) ;

**A M. Saillard aîné, rue de Clichy, à Paris, et à Rugles (Eure),**

*Mention honorable,* pour fabrication du laiton (Voyez *ZINC et TRÉFILERIES*).

---

Zinc.

## *Relativement au ZINC :*

**A M. Saillard aîné, rue de Clichy, à Paris, et à Rugles (Eure),**

*Médaille d'argent,* pour zinc laminé en feuilles très-minces, et clous de ce métal (Voyez *LAITON et TRÉFILERIES*).

---

*Relativement à l'Étain :*

Étain.

*Nota.* Dans le Rapport du Jury central, p. 171, on lit ce qui suit :

« Le Corps royal des Mines s'est fait un titre réel à la
» reconnaissance publique, en procurant à la France une
» substance dont on croyait jusqu'ici son sol entièrement
» dépourvu. » *Paris*, de l'Imprimerie royale, 1819.

---

*Relativement aux Bronzes et Dorures :*

Bronzes et<br>Dorures.

A l'Ecole royale des Arts et Métiers, de Châlons-sur-Marne,

*Médaille d'or*, pour l'ensemble de ses produits, parmi lesquels on remarque des cymbales et des tamtams, objets fabriqués avec un alliage de cuivre et d'étain, par un procédé qui est récent en France (Voyez *Limes et Rapes*);

A MM. Thomyre et Compagnie, de Paris, boulevard Poissonnière,

*Rappel* d'une *Médaille d'or*, décernée en 1806, et *Mention honorable*, pour un grand vase et divers autres objets en malachite, ornés de bronzes dorés, ainsi que pour plusieurs très-beaux ouvrages en bronze, et notamment pour une copie de la statue antique de Germanicus ;

A MM. Desnière et Matelin, rue Vivienne, n°. 13, à Paris,

*Médaille d'argent*, pour de riches ouvrages en bronze doré, ainsi que pour une pendule en cuivre sans dorure ;

A M. Galle, rue de Colbert, n°. 1, à Paris,

*Idem*, pour girandoles, feux, pendules, et notamment pour un très-beau surtout de table ;

A M. Lenoir-Ravrio, rue des Filles Saint-Thomas, n°. 15, à Paris,

*Idem*, pour un candélabre avec figure, et pour divers autres objets en bronze doré, ainsi que pour une statue en bronze, copie moulée sur le FAUNE du Capitole ;

A M. Ledure, rue Vivienne, n°. 16, à Paris,

*Idem*, pour divers ouvrages en bronze d'une excellente composition, bien ajustés et bien dorés ;

A M. Feuchère, rue Notre-Dame de Nazareth, n°. 25, à Paris,

*Idem*, pour garnitures de cheminées, girandoles, lustres, ornemens et petites statues en bronze, ainsi que pour modèles de balcons, et notamment pour le modèle d'un balcon établi au Louvre, en face du Pont des Arts ;

A Madame Boisrichard, veuve Raymond,

*Mention honorable*, pour deux beaux lustres et une cheminée.

---

Mercure.

## *Relativement au* MERCURE :

A M. Desmoulins, rue Saint-Martin, n°. 252, à Paris,

*Médaille de bronze*, pour vermillon de la plus belle qualité (ou sulfure de mercure en poudre).

---

Fonte de fer brute.

## *Relativement à la* FONTE DE FER BRUTE :

A MM. de Blumenstein et Frère-Jean, de Vienne (Isère),

*Mention honorable*, pour fonte de fer grise, obtenue par le moyen du coke (Voyez FER EN BARRES et TÔLES).

---

Fonte de fer moulée.

## *Relativement à la* FONTE DE FER MOULÉE :

A M. Baradelle, de Paris,

*Médaille d'argent*, pour outils, clous, pièces de machines, ustensiles de ménage, etc., en fonte adoucie ;

A M. Würtz, à Strasbourg,

*Idem*, pour vases en fonte de fer, émaillés intérieurement;

A la forge de Creutzwald (Moselle),

*Médaille de bronze*, pour fourneaux, braisières, et autres objets habilement exécutés en fonte moulée;

A M. Meutzer, à Paris, rue de l'Oursine, n°. 90,

*Mention honorable*, pour mortiers en fonte de fer, tournés et polis;

A M. Rochet, à Bèze (Côte-d'Or),

*Idem*, pour socs de charrue et roues en fonte de fer (Voyez *Fer, Tôles, Acier et Limes*);

A M. Goupil, à Dampierre (Eure et Loir),

*Idem*, pour divers ouvrages et ustensiles en fonte de fer;

A M. Dumas fils, à Paris, rue Traversière Saint-Antoine,

*Idem*, pour assortiment de roulettes, d'un nouveau modèle, tant en fonte de fer qu'en cuivre.

———

*Relativement au Fer en barres et en lames:*    Fer en barres, etc.

A MM. Paillot père et fils, et l'Abbé, aux forges de Grossouvre (Cher),

*Médaille d'or*, pour fer en barres et lames à canons de fusil;

A MM. de Blumenstein et Frère-Jean, de Vienne (Isère),

*Médaille d'argent*, pour fer affiné au fourneau de réverbère, par le moyen de la houille (Voyez *Fonte de fer brute* et *Tôles*);

A M. Rambourg, à Saint-Bonnet-le-Désert (Allier),

*Mention honorable*, pour fer en barres, d'une qualité supérieure;

A M. Aubertot, à Vierzon (Cher),

*Mention honorable*, Idem (Voyez *ACIER et TÔLES*);

A M. Rochet, à Bèze (Côte-d'Or),

*Id.*, Id. (V. *FONTE DE FER, TÔLES, ACIER et LIMES*);

A MM. Lemyre, à Clairvaux (Jura),

*Idem,* pour fer affiné par un procédé perfectionné (Voyez *CLOUTERIE*);

A M. Chaufaïlle, à Coussac-Bonneval (Haute-Vienne),

*Idem,* pour fer doux, de très-bonne qualité;

A M. Daguin aîné, à Auberive (Haute-Marne,,

*Idem,* pour fer bien martiné en bandes;

A M. Jacot, à Bienville (Haute-Marne),

*Idem,* pour fer bien forgé en barres;

A M. Irroy, à Arc (Haute-Saône),

*Idem,* pour fer de très-bonne qualité (Voyez *ACIER, LIMES, FAULX, SCIES et AIGUILLES*);

A MM. Roger, Payan et Thériat, à Nogent-le-Rotrou (Eure et Loir),

*Idem,* pour fer en verges très-bien fabriquées;

A M. Poulain, à Boutancourt (Ardennes),

*Idem,* pour fer métis, fendu, platiné, laminé;

A MM. Coulaux frères, à Molsheim, à Bœren-thal, à Greswillers, et à Klingenthal (Bas-Rhin),

*Idem,* pour fer bien fabriqué et de bonne qualité. (Voyez *SCIES, OUTILS DIVERS, ARMES BLANCHES et COUTEL-LERIE*).

*Nota.* En vertu de l'Ordonnance royale du 9 avril 1819, concernant les récompenses pour les services rendus à l'industrie, le Jury central a décerné :

A M. Dufaud, directeur des forges de Grossouvre (Cher),

*Une médaille d'or*, pour avoir établi et perfectionné, en France, le travail des fers par les cylindres, au sortir de l'affinage par le moyen de la houille.

Outre cette récompense, le Roi a accordé à M. Dufaud la *décoration de l'Ordre royal de la Légion-d'Honneur*, par nomination du 17 novembre 1819.

---

### Relativement à l'Acier :

Acier.

A M. Milleret, à la Bérardière, près Saint-Étienne (Loire),

*Médaille d'or*, pour aciers de toute sorte ;

A M. Irroy, à Arc, près Gray (Haute-Saône),

*Idem*, pour aciers de plusieurs variétés (Voyez *Fer, Limes, Faulx, Scies et Aiguilles*) ;

A M. Dequenne, à Raveau, près la Charité (Nièvre); et à MM. Montmouceau et Dequenne, à Orléans (Loiret), (leurs établissemens étant réunis pour l'ensemble des fabrications de leur maison),

*Idem*, pour acier de cémentation (Voyez *Limes*);

A M. Grasset, aux forges de la Doué, près la Charité (Nièvre),

Rappel d'une *Médaille d'argent*, décernée en 1806, pour acier naturel ;

A M. Ruffié, à Foix (Ariège),

*Médaille d'argent*, pour acier de bonne qualité (Voyez *Faulx et Limes*) ;

A M. Rochet, à Bèze (Côte-d'Or),

*Idem*, pour acier corroyé assorti, pour acier brut, et

pour barres d'acier façon de Styrie (Voyez *FONTE DE FER, FER, TÔLES et LIMES*);

A M. Rivals-Gincla, à Villemoustauson (Aude),

*Médaille de bronze,* pour acier et pour fer laminé (Voyez *LIMES*);

A MM. Peujeot frères, à Hérimoncourt (Doubs),

*Idem,* pour acier excellent, qui est propre à la fabrication des ressorts de montres et de pendules;

A MM. Garrigou, Sans et Compagnie, à Toulouse,

*Mention honorable,* pour acier en barres (Voyez *FAULX et LIMES*);

A M. Fallatieu, à Montureux-lès-Gray (Haute-Saône),

*Idem,* pour acier, corroyé et non corroyé (Voyez *FER-BLANC et TRÉFILERIES*);

A M. Robin-Peyret, de Saint-Étienne (Loire),

*Idem,* pour aciers cémentés, corroyés, et pour aciers fondus;

A M. Goblet, aux forges de Chaume, près la Charité (Nièvre),

*Idem,* pour acier naturel;

A M. Jude de la Judie, à Champagnac (Haute-Vienne),

*Idem,* pour acier corroyé;

A M. Fleuzat-Lessart, à Chapelle-Montbrandeix (Haute-Vienne),

*Idem, Idem,* et pour acier naturel;

A M. Aubertot, à Vierzon (Cher),

*Idem,* pour acier de bonne qualité (V. *FER et TÔLES*);

A M. Sans, à Pamiers (Ariège),
*Idem*, Idem.

*Nota*. En vertu de l'Ordonnance royale du 9 avril 1819 (Voyez *FER*), le Jury central a décerné :

A M. Beaunier, ingénieur en chef au Corps royal des Mines, et directeur de l'École des Mineurs, à Saint-Étienne (Loire),

Une *Médaille d'or*, pour avoir établi en France, sur des principes sûrs, la fabrication de tous les aciers dans les usines de la *Bérardière*, appartenant à M. Milleret.

Outre cette récompense, le Roi a accordé à M. Beaunier la décoration de *l'Ordre royal de la Légion-d'Honneur*, par nomination du 17 novembre 1819.

---

*Relativement aux FAULX et FAUCILLES :*

Faulx<br>et Faucilles.

A MM. Garrigou, Sans et Compagnie, à Toulouse,

*Médaille d'or*, pour faulx et faucilles (Voyez *ACIER et LIMES*);

A M. Irroy, à Arc, près Gray (Haute-Saône);
*Mention honorable*, pour faulx à lames de rechange (Voyez *FER, ACIER, LIMES, SCIES et AIGUILLES*);

A M. Ruffié, à Foix (Ariège),
*Idem*, pour faulx (Voyez *ACIER et LIMES*);

A M. Biron, à Fourvoierie - en - Chartreuse (Isère),
*Idem*, Idem;

A M. Delanos, à Saint-Manvieu (Calvados),
*Idem*, Idem;

A MM. Bobillier et Nicod, à la Grand' Combe (Doubs),

*Idem*, Idem.

————————

Limes<br>et Râpes.

*Relativement aux* LIMES *et* RÂPES :

A M. Saint-Bris, à Amboise (Indre et Loire),

*Médaille d'or, pour limes et râpes de bonne qualité* (1);

A MM. Montmoubeau et Dequenne, à Orléans,

*Mention honorable, pour limes sur étoffe d'acier fondu* (Voyez *ACIER*);

A MM. Garrigou, Sans et Compagnie, à Toulouse,

*Idem*, *pour limes* (Voyez *ACIER et FAULX*);

A l'École royale des Arts et Métiers, de Châlons-sur-Marne,

*Idem, pour l'ensemble de ses produits, parmi lesquels se trouvaient des limes bien fabriquées* (Voyez *BRONZES et DORURES*);

A M. Irroy, à Arc, près Gray (Haute-Saône),

*Idem, pour limes* (Voyez *FER, ACIER, SCIES, FAULX et AIGUILLES*);

A M. Ruffié, à Foix (Ariège),

*Idem*, Idem (Voyez *ACIER et FAULX*);

A M. Rochet, à Bèze (Côte-d'Or),

*Idem*, Idem (Voyez *FONTE DE FER, FER, ACIER et TÔLES*);

————————————————

(1) A l'occasion de l'exposition de 182-, le Roi a accordé à M. Saint-Bris la décoration de *l'Ordre royal de la Légion-d'Honneur*, par nomination du 17 novembre 1819.

A M. Rivals-Ginela, à Villemoustauson (Aude),

*Idem*, Idem (Voyez *ACIER*);

A. M. Contamine, à Paris, rue du Faubourg Saint-Antoine, n°. 105,

*Idem*, pour râpes à l'usage des sculpteurs statuaires et des sculpteurs en bois.

*Relativement aux SCIES :*

Scies.

A MM. Coulaux frères, à Molsheim, à Bæren-thal, à Greswillers et à Klingenthal (Bas-Rhin),

*Médaille d'or*, pour de belles scies, très-bien exécutées, et d'excellente qualité (Voyez *FER*, *OUTILS DIVERS*, *ARMES BLANCHES et COUTELLERIE*);

A M. Irroy, à Arc, près Gray (Haute-Saône),

*Mention honorable*, pour des scies bien fabriquées et d'un prix modique (Voyez *FER*, *ACIER*, *LIMES*, *FAULX et AIGUILLES*);

A M. Jourjon, à Saint-Étienne (Loire),

*Idem*, pour lames de scies, en acier fondu.

*Relativement aux TÔLES et FERS NOIRS :*

Tôles et Fers noirs.

A MM. Boïgues, Débladis et Guérin, à Imphy (Nièvre),

*Médaille d'or*, pour tôles noires, en feuilles fortes et en feuilles légères, très-habilement fabriquées au laminoir (Voyez *CUIVRE et FER-BLANC*);

A M. Fouque, au Pont-Saint-Ours (Nièvre),

*Médaille d'argent*, pour tôle laminée, d'une bonne fabrication;

6*

A MM. de Blumenstein et Frère-Jean, à Vienne (Isère),

*Mention honorable*, pour feuilles de tôle bien exécutées (Voyez *FONTE DE FER BRUTE et FER EN BARRES*);

A M. Aubertot, à Vierzon (Cher),

*Idem*, Idem (Voyez *FER et ACIER*);

A MM. Sagliot, Human et Compagnie, à Audincourt (Doubs),

*Idem*, Idem (Voyez *FER-BLANC*);

A M. Rochet à Bèze (Côte-d'Or),

*Idem*, Idem (Voyez *FONTE DE FER, FER, ACIER et LIMES*).

---

Fer-blanc.     ### Relativement au *FER-BLANC*:

A MM. Mertian frères, à Montataire (Oise),

*Médaille d'or*, pour fer-blancs unis, planés, d'une parfaite ductilité, qui sont exécutés au laminoir;

A MM. Boigues, Débladis et Guérin, à Imphy (Nièvre),

*Mention honorable*, avec rappel d'une *Médaille d'or*, décernée pour tôles, fer-noirs, fer-blancs, et cuivre laminé (Voyez *TÔLES et CUIVRE*);

A M. Fallatieu, à Bains (Vosges),

*Médaille de bronze*, pour fer-blanc bien exécuté et d'une bonne qualité (Voyez *ACIER et TRÉFILERIES*);

A MM. Sagliot, Human et Compagnie, à Audincourt (Doubs),

*Idem*, pour fer-blanc et tôle bien laminée (Voyez *TÔLES*);

A MM. Rouyer et Compagnie, à Carignan (Ardennes),

*Mention honorable*, pour fer-blanc d'une exécution satisfaisante et d'une bonne qualité;

A Madame veuve Buyer, à Ailevillers (Haute-Saône),
*Idem*, Idem;

A M. Despretz fils, à la Capelle (Aisne),
*Idem*, Idem.

------

*Relativement aux TRÉFILERIES :*        Tréfileries.

A M. Mouchel fils, à l'Aigle (Orne),
*Médaille d'or*, pour fils de fer, d'acier et de cuivre, et cordes de piano (Voyez *AIGUILLES*);

A Madame Fleur, à Lods (Doubs),
*Mention honorable*, avec rappel d'une *Médaille d'argent*, décernée en 1806, pour fils de fer et de laiton bien fabriqués;

A MM. Migeon et Dominé, à Morvillars (Haut-Rhin),
*Médaille d'argent*, pour fils de fer de bonne qualité, fabriqués sans morsure;

A M. Boucher fils, de Rouen,
*Mention honorable*, pour fils de laiton (Voyez *CUIVRE et LAITON*);

A la Fabrique de Romilly (Eure),
*Idem*, pour fils de fer, d'acier et de laiton (Voyez *CUIVRE*);

A M. Fallatieu, à Bains (Vosges),
*Idem*, pour fils d'acier et de fer (Voyez *ACIER et FER-BLANC*);

A M. le baron de Contamines (Ardennes),
*Idem*, pour fils de laiton;

A M. Saillard aîné, rue de Clichy, à Paris, et à Rugles (Eure),

*Idem, Idem* (Voyez *LAITON et ZINC*);

*Nota.* En vertu de l'Ordonnance royale du 9 avril 1819 (Voyez *FER*), le Jury a décerné :

A M. Léonard Gardon, marchand tireur d'or, à Lyon (Rhône),

Une *Médaille d'argent*, pour avoir trouvé le procédé par lequel on fabrique le fil de cuivre propre aux travaux des tireurs d'or, et pour avoir perfectionné les filières.

———

Aiguilles.

### Relativement aux *AIGUILLES* :

A M. Irroy, à Arc (Haute-Saône),

*Mention honorable*, pour aiguilles à coudre et à tricoter, d'une exécution louable (Voyez *FER*, *ACIER*, *LIMES*, *FAULX et SCIES*);

A M. Monchel, à l'Aigle (Orne),

*Idem*, pour aiguilles à coudre (Voyez *TRÉFILEURS*).

———

Cardes.

### Relativement aux *CARDES* :

A M. Calla, mécanicien, rue du Faubourg Poissonnière, n°. 92, à Paris,

Rappel d'une *Médaille d'or*, qui fut décernée à cet habile mécanicien, en 1806, et *Mention honorable*, pour plaques et rubans de cardes, très-bien fabriqués;

A la Fabrique de Liancourt (Oise),

Rappel d'une *Médaille de bronze*, décernée dans les précédentes expositions, et *Mention honorable*, pour cardes à coton et à laine, qui soutiennent la réputation de cet ancien établissement;

A M. le baron de Géncy, à Meulan (Seine et Oise ),

*Mention honorable*, pour cardes bien fabriquées ;

A M. Henraux jeune, rue Saint - Médéric, n°. 46, à Paris,

*Idem*, pour chardons métalliques, qui remplacent les chardons végétaux dans la fabrication des draps ;

A M. Rivery-le-Jaille, à Woincourt (Somme),

*Idem*, pour cardes (Voyez SERRURERIE).

---

*Relativement aux* PEIGNES *et* ROTS :



A M. Declanlieux, ingénieur - mécanicien, à Paris,

*Médaille d'argent*, pour perfectionnement d'un peigne sans fin, qui est employé, avec succès, dans la filature des lainages ;

A M. Almeyras, de Lyon,

*Médaille de bronze*, pour peignes d'acier, avec garniture en plomb, ou rots perfectionnés, propres au tissage des étoffes et à la fabrication des rubans ;

A M. Vion, à Tours,

*Mention honorable*, pour peigne perfectionné, propre au tissage des étoffes ;

A M. Omonton, à Ivetot (Seine-Inférieure),

*Idem*, pour des rots perfectionnés, Idem ;

A M. Thomas (Jacques - Nicolas), à Ivetot, (Seine-Inférieure),

*Idem*, Idem ;

A M. Journée, à Rouen,

*Idem*, pour des rots faits avec un alliage qui lui est particulier.

---

Alènes.

*Relativement aux ALÈNES :*

A MM. Boilevin, de Badonvillers (Meurthe),

*Médaille d'argent*, pour alènes à cordonnier, etc., qui sont bien fabriquées et d'un grand débit;

A MM. Letixerant et Compagnie, de Marseille,

*Idem*, pour assortiment d'alènes, qui prouve que cette fabrication importante a fait des progrès en France.

Toiles
métalliques.

*Relativement aux TOILES MÉTALLIQUES :*

A M. Roswag, à Paris, et à Schelestadt (Bas-Rhin),

*Mention honorable*, avec rappel d'une *Médaille d'argent*, décernée en 1806, pour toiles métalliques d'un tissu très-égal, et bien fabriquées;

A M. Gaillard, à Paris, rue Saint-Denis, n°. 228,

*Médaille d'argent*, Idem;

A M. Stammler, à Strasbourg (Bas-Rhin),

*Médaille de bronze*, pour treillages grillés et réseaux métalliques à mailles diverses, en fil de fer, en fil de laiton et en fil d'argent;

A M. Saint-Paul, à Paris, petite rue Saint-Pierre, n°. 28,

*Idem*, pour toiles métalliques, bien exécutées.

Clouterie.

*Relativement à la CLOUTERIE :*

A M. Fontaine, à Authie (Somme),

*Médaille de bronze*, pour clous de toute espèce et de toute dimension, très-bien fabriqués et de prix très-modérés;

A M. Lemyre, à Clervaux (Jura),

*Mention honorable*, pour clous découpés, dont la tête est frappée à froid ( Voyez *FER EN BARRES*).

--------

*Relativement à L'ACIER POLI et à la QUIN-CAILLERIE FINE* :

Acier poli et quincaillerie fine.

A M. Cordier, à Paris, rue des Gravilliers, n°. 28,

*Médaille d'argent*, pour tôle d'acier fondu de toute dimension, et d'un poli parfait ;

A MM. Blondeau frères, à Saint - Hippolyte (Doubs),

*Médaille de bronze*, pour outils d'horlogerie, en fer et en acier poli ;

A M. Bapie, à Charleville (Ardennes),

*Mention honorable*, pour fourchettes en fer et acier poli ;

A MM. Rouyer, et Berthier, de Paris, rue Chapon, n°. 17 bis,

*Idem*, pour dés à coudre en acier, doublés en or et en argent ;

A M. Dumery, à Saint - Julien - du - Sault (Yonne),

*Idem*, pour fermoirs de sacs, en acier poli ;

A M. Chatelain, à Paris, rue du Faubourg du Temple, n°. 91,

*Idem*, pour cuirasses d'une bonne fabrication et d'un beau poli.

*Relativement à la BIJOUTERIE D'ACIER :*

A Madame veuve Schey, à Paris, rue des Petites-Écuries, n°. 5,

*Médaille d'or*, pour parures et autres bijoux de la plus grande beauté ;

A M. Frichot, à Paris, rue des Gravilliers, n°. 42,

*Médaille d'argent*, pour divers beaux ouvrages en acier poli ;

A M. Provent, à Paris, rue Salle-au-Comte, n°s. 4 et 6,

*Mention honorable*, pour bijoux bien exécutés.

———



*Relativement à la SERRURERIE :*

A M. Olive, à Escarbotin (Somme), et à Paris, rue de la Tixeranderie, n°. 15,

Rappel d'une *Médaille d'argent*, décernée en 1806, et *Mention honorable*, pour serrures, verrous, cadenas, fabriqués en grand, et généralement estimés ;

A M. Rivery-le-Joille, à Woincourt (Somme),

*Médaille d'argent*, pour assortiment de pièces de serrurerie, ainsi que pour cylindres cannelés, etc. (Voyez CARDES);

A M. Georget, à Paris, rue de Castiglione, n°. 6,

*Idem*, pour serrures à combinaisons, et autres objets, parmi lesquels on distingue un très - beau coffre de fer ciselé ;

———

A M. Huret, ingénieur-mécanicien du Garde-

Meuble, rue des Grands-Augustins, n°. 5, à Paris,

*Idem*, pour fermetures à combinaisons et à garnitures mobiles, ainsi que pour serrures de portefeuilles, et pour l'invention d'un compas propre à tracer des spirales ou volutes;

A M. Regnier, ingénieur-mécanicien, rue du Colombier, n°. 30, à Paris,

*Mention honorable*, pour serrures et cadenas à combinaisons, etc.;

A M. River aîné, à Paris, rue Porte-Foin, au Marais,

*Idem*, pour serrures nouvelles, de son invention.

*Nota.* En vertu de l'Ordonnance royale du 9 avril 1819 (Voyez *Fer*), le Jury a mentionné honorablement:

M. Pierre-François Grandjean, de Vienne (Isère),

Comme serrurier;

M. Blanchon aîné, de Saint-Hilaire-sur-Rille (Orne), serrurier,

Pour avoir perfectionné le métier à lacets et être cause de la prospérité de cette industrie dans le département;

M. Delfau dit Lamotte, de Montauban (Tarn et Garonne), serrurier-mécanicien,

Pour améliorations et perfectionnemens qu'il a apportés dans la construction de diverses machines.

---

*Relativement à la* COUTELLERIE:   Coutellerie.

A M. Sir Henry, coutelier de la Faculté de Médecine, place de l'École de Médecine, n°. 6, à Paris,

A M. Grangeret, rue des Saints-Pères, n°. 45, à Paris,

A M. Sénéchal, rue des Arcis, n°. 29, à Paris,

*Mention honorable,* pour l'excellence de leur coutellerie à l'usage de la chirurgie;

A M. Pein, à Châlons-sur-Marne,

*Idem,* pour ciseaux d'un prix modique, fabr. ..és au moyen du découpoir et du balancier;

A la Fabrique de Thiers, (Puy-de-Dôme),
A la Fabrique de coutellerie fine de Paris,
A la Fabrique de Châtellerault (Vienne),
A la Fabrique de Langres (Haute-Marne),

*Idem,* comme soutenant toujours leur réputation, déjà constatée par le Jury de 1806;

A M. Gavet, rue St.-Honoré, n°. 138, à Paris,

A M. Gillet, rue de Charenton, n°. 41, à Paris,

*Idem,* comme ayant été cité par le Jury de 1806, et ayant, de plus en plus, mérité cette distinction;

A MM. Coulaux frères, de Klingenthal, etc. (Bas-Rhin) (Voyez *FER, SCIES, OUTILS DIVERS et ARMES BLANCHES*),

A Madame veuve Charles, de Paris, rue du Petit-Lion-Saint-Sauveur, n°. 20,

A Madame de Grand-Gurjey, de Marseille (Voyez *ARMES BLANCHES*),

A M. Frestel, de Saint-Lô (Manche),
A M. Néel, idem,
A M. Gouvé, de Caen (Calvados),
A M. Jullien, de Bourges (Cher),
A M. Dégrand, de Marseille,
A M. Pradier, de Versailles,
A M. Best-Monbrun, de St.-Remi (Puy-de-Dôme),

*Idem,* pour coutellerie fine et commune.

————————

*Relativement aux Outils divers et à la grosse Quincaillerie :*

A MM. Coulaux frères, à Molsheim, etc. (Bas-Rhin),

Rappel d'une *Médaille d'or,* décernée ailleurs (Voyez *Fer, Scies, Armes blanches et Coutellerie*), et *Mention honorable,* pour outils de tout genre, tels que scies, tenailles, ciseaux et gouges, marteaux, emporte-pièces, etc.; et pour divers autres objets, tels que serrures, fermoirs, pelles et pincettes, compas, moulins à café, patins, etc.;

A MM. Jappy frères, à Beaucourt (Haut-Rhin),

Rappel d'une *Médaille d'or,* décernée pour horlogerie, et *Mention honorable,* pour un grand nombre d'articles de quincaillerie, fabriqués par machines, tels que vis à bois, gonds, pistons, boulons, poulies, boucles de sellerie, cadenas, etc.;

A M. D'Herbecourt, de Paris, rue du Monceau, nº. 6, à l'Orme Saint-Gervais,

*Médaille d'argent,* pour assortimens d'outils à l'usage des charrons, des charpentiers, des menuisiers, des ébénistes, des tonneliers, des sabotiers, des jardiniers, etc.;

A M. Deharme, mécanicien, cour des Petites-Écuries, rue du Faubourg Saint-Denis, nº. 67,

*Mention honorable,* pour assortiment nombreux d'objets de quincaillerie, fabriqués avec le plus grand soin.

---

*Relativement aux Armes blanches :*

A MM. Coulaux frères, de Klingenthal, etc. (Bas-Rhin),

Rappel d'une *Médaille d'or,* décernée en 1806, pour armes blanches de la plus belle exécution (Voyez *Fer, Scies, Outils divers et Coutellerie*);

A MM. Boggio (Marcellin), à Saint-Étienne (Loire),

*Médaille de bronze*, pour lames de fleuret, d'une fabrication satisfaisante ;

A Madame de Grand-Gurjey, à Marseille (Voyez *COUTELLERIE*),

*Mention honorable*, pour armes blanches en damas, bien exécutées.

---

Armes à feu.

## Relativement aux *ARMES A FEU* :

A la Manufacture royale de Tulle (Corrèze),

*Mention honorable*, pour fusils de munition, et platines de mousqueton et de fusil ;

A M. Lepage, à Paris, rue de Richelieu, nº. 13,

*Idem*, pour fusils à quatre coups et à deux coups, garnis en platine ;

A M. Prélat, à Paris, rue de la Paix, nº. 26,

*Idem*, pour fusils à percussion ou à foudre ;

A M. Roux (Henri), à Paris, boulevard Montmartre, nº. 10,

*Idem*, pour fusils de chasse et pistolets à percussion ;

A M. Cessier, à Saint-Étienne (Loire),

*Idem*, pour fusils et pistolets avec leurs nécessaires ;

A M. Delamotte, à Saint-Étienne (Loire),

*Idem*, pour un fusil d'une belle exécution.

---

Platine.

## Relativement au *PLATINE* :

A MM. Cuoq et Couturier, rue de Richelieu, nº. 107, à Paris,

*Médaille d'argent*, pour vases, capsules, creusets, cafetières et médailles, fabriqués avec du platine qu'ils font préparer en grand par M. Bréant ; pour feuilles de platine, aussi minces que les feuilles d'or ; et notamment pour un grand vase de platine, fabriqué en une seule pièce, lequel peut contenir 200 litres, ainsi que pour un vase de cuivre plaqué ou doublé en platine, le tout parfaitement exécuté ;

A MM. Jeannety fils et Chatenay, rue du Colombier, n°. 21, à Paris,

*Idem*, pour vaisselle et bijoux, très-bien fabriqués avec du platine qu'ils préparent eux-mêmes, et notamment pour de grandes règles en platine, qui sont destinées à transmettre à la Société royale de Londres et à l'Académie des Sciences de Pétersbourg les étalons des mesures françaises ;

A M. Michaud-Labonté, rue Neuve-Saint-Eustache, n°. 4, à Paris,

*Médaille de bronze*, pour capsules, casseroles et autres vases plaqués ou doublés en platine, par un procédé qu'il a le premier exécuté sur de grands vases de cuivre.

*Nota.* En vertu de l'Ordonnance royale du 9 avril 1819 (Voyez *Fer*), le Jury a décerné :

A M. Bréant, vérificateur des essais à la Monnoie de Paris,

Une *Médaille d'argent*, pour avoir purifié en grand la platine et l'avoir rendu complétement malléable.

—————

*Relativement à* L'ORFÉVRERIE *et à* L'ARGENTERIE :

Orfévrerie
et
Argenterie.

A M. Odiot, orfévre, rue de l'Évêque, n°. 1, à Paris,

Rappel d'une *Médaille d'or*, décernée en 1806, et *Mention honorable*, pour un grand service en vermeil, un déjeuner et un encrier, objets exécutés avec une rare perfection ;

A M. Biennais, orfévre, rue Saint-Honoré, n°. 283, à Paris,

*Idem*, pour un vase d'argent, orné de bas-reliefs en vermeil, ouvrage fort remarquable ;

A M. Cahier, orfévre, quai des Orfévres, n°. 58, à Paris,

*Médaille d'or*, pour une fontaine et un déjeuner en argent et en vermeil, ouvrages bien ciselés et montés avec un grand soin, ainsi que pour un bas-relief d'argent, exécuté en repoussé, lequel représente la Cène, et pour diverses pièces d'argenterie, le tout de la plus belle exécution.

---

**Plaqué d'or et d'argent.** *Relativement au* PLAQUÉ D'OR *et* D'ARGENT:

A MM. Levrat et Compagnie, rue de Popincourt, n°. 66, à Paris,

*Médaille d'argent,* pour vaisselle de table, casseroles, plats, soupières, flambeaux, réchauds, etc., ouvrages plaqués au vingtième de leur poids, et d'un prix modéré;

A M. Pillioud, rue des Juifs, n°. 11, à Paris,

*Médaille de bronze,* pour vaisselle d'argent et autres objets plaqués avec beaucoup de soin, ouvrages dans lesquels la soudure en argent est la seule qui soit employée, comme étant préférable à la soudure ancienne, sous le rapport de la solidité;

A M. Cristophe, rue des Enfans-Rouges, n°. 7, à Paris,

*Idem,* pour échantillon d'un plaqué exécuté à froid, qui paraît plus solide que le plaqué fait à chaud, et pour boutons en métal, d'un travail soigné;

A M. Tourrot, rue Sainte-Avoye, n°. 47, à Paris,

*Mention honorable,* pour vaisselle et pour objets destinés à l'ornement des églises, ouvrages emboutis au tour;

A M. Chatelain et Compagnie, Faubourg du Temple, n°. 91, à Paris,

*Idem,* pour casques, cuirasses et ustensiles de table, le tout plaqué avec soin.

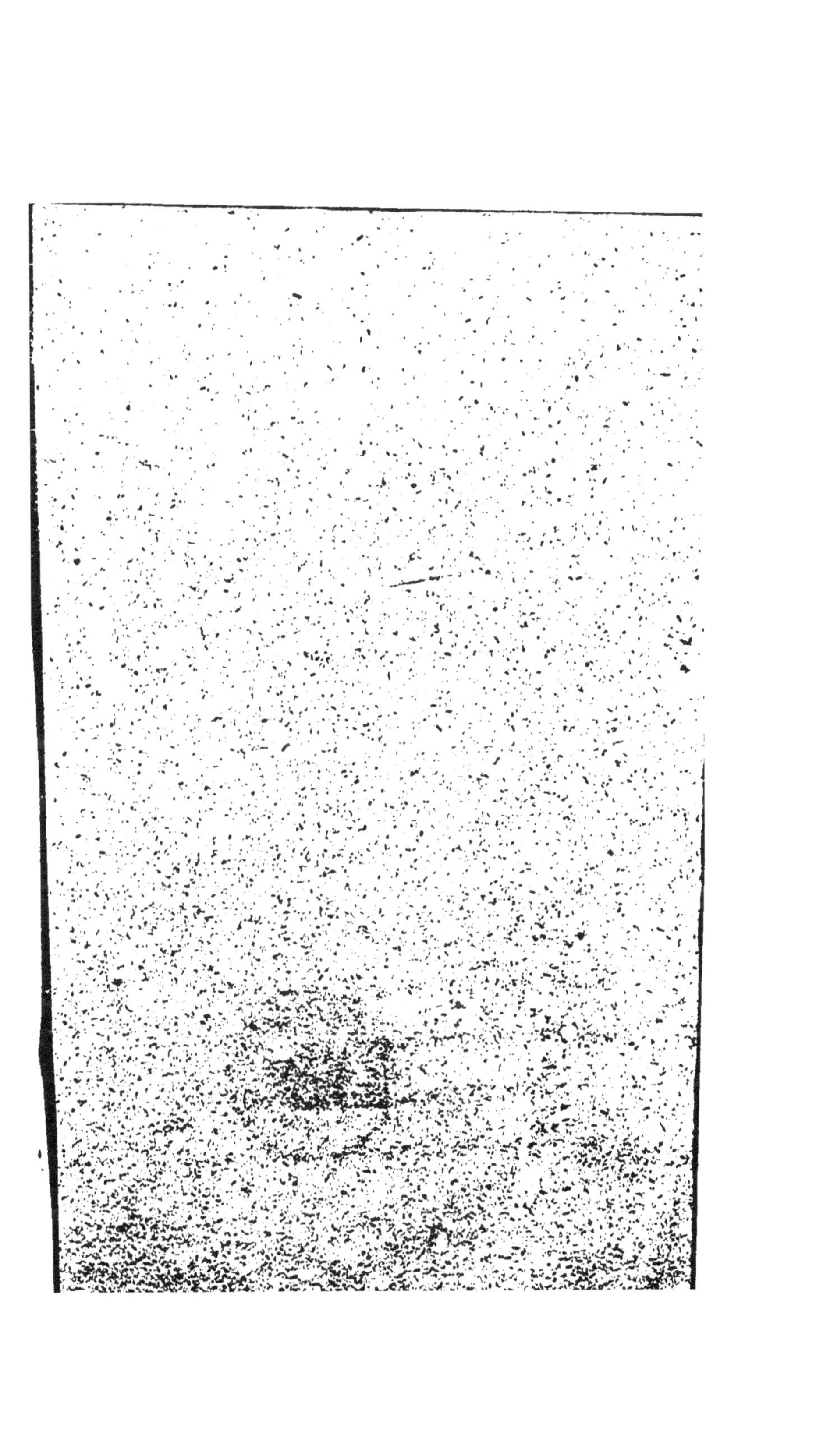